C·H·Beck
PAPERBACK

Im Februar 2014 startete der bekannte Mathematiker und Autor populärer Mathematikbücher Christian Hesse auf ZEIT ONLINE einen viel gelesenen Mathe-Blog, der die Faszination und Erklärungsmacht dieser extremsten aller Wissenschaften an konkreten Beispielen des Alltags vor Augen führt. Dieses Buch enthält die nach Ansicht der Leser und des Autors besten Beiträge in geringfügiger bis grundlegender Überarbeitung. Die fast formelfreien Stücke sind Happy-Hour-Häppchen. Sie eignen sich zur Lektüre für Minuten. Vor dem Einschlafen oder nach dem Aufwachen am Wochenende. Oder einfach mal für zwischendurch. Sie zeigen, dass die Mathematik so witzig und aberwitzig ist wie das Leben.

Christian Hesse, geb. 1960, promovierte an der Harvard University (USA) und lehrte an der University of California, Berkeley (USA). Seit 1991 ist er Professor für Mathematik an der Universität Stuttgart. Im Verlag C.H.Beck sind von ihm erschienen: *Das kleine Einmaleins des klaren Denkens. 22 Denkwerkzeuge für ein besseres Leben* (^{4}2013); *Warum Mathematik glücklich macht. 151 verblüffende Geschichten* (^{5}2014); *Achtung Denkfalle! Die erstaunlichsten Alltagsirrtümer und wie man sie durchschaut* (2011); *Christian Hesses Mathematisches Sammelsurium* (2012); *Was Einstein seinem Papagei erzählte. Die besten Witze aus der Wissenschaft* (^{3}2015); *Wer falsch rechnet, den bestraft das Leben. Das kleine Einmaleins der Alltagsmathematik* (2014); *Damenopfer. Erstaunliche Geschichten aus der Welt des Schachs* (2015).

Christian Hesse

MATH UP YOUR LIFE!

Schneller rechnen,
besser leben

C.H.Beck

Mit 25 Abbildungen

ZEIT ONLINE

Originalausgabe

Satz, Druck und Bindung: Druckerei C.H.Beck, Nördlingen
Umschlaggestaltung: Geviert, Grafik & Typografie, Thomas Scheuerer
Umschlagabbildung: © shutterstock
Autorenfoto: © Ivo Kljuce
Printed in Germany
ISBN 978 3 406 68137 0

www.chbeck.de

INHALT

Vorwort 8
Paradoxe Geburtstage 9
Ist Darwins Evolutionstheorie falsch? 10
Schnellrechnen-Schnellkurs (Teil 1) 12
Goethe im Duell mit Newton 13
Warum Ihre Freunde beliebter sind als Sie 15
Je mehr Freunde, desto Grippe 17
Schnellrechnen-Schnellkurs (Teil 2) 19
Beitrag zum Weltfrieden 20
Mit Statistik-Tricks Steuersünder entlarven 22
Sind Sie schlauer als ein Genie? 26
Schnellrechnen-Schnellkurs (Teil 3) 28
Noch mehr Ziegen 30
Elfmeterschießen ist unfair! 33
Mit Mathe gegen den Zeitzonenkater 35
Schafft das Abwechseln ab für mehr Gerechtigkeit! 38
Die mathematische Theorie des Eheglücks 40
Jeden Monat passiert ein Wunder 43
Mach was gegen hässlich! 45
Gott würfelt beim Fußball 48
Qualen bei Wahlen 51
Ein Mathematiker hat den Zweiten Weltkrieg entschieden 53

Mathematik schlägt Spionage im Zweiten Weltkrieg 55
Hat Jesus sich verzählt? 59
Schnellrechnen-Schnellkurs (Teil 4) 61
Daten, bunt verschlüsselt 63
Wäre Pi ein Dichter, dann wäre es Shakespeare 65
Was Wiener Würstchen über Pi verraten 68
Lotto-Sechser, so selten wie ein tödlicher Unfall 69
Gott wusste, wann die Berliner Mauer fällt 72
Existenz Gottes mathematisch bewiesen 75
Ihr Geburtstag ist lebensgefährlich 78
Schnellrechnen-Schnellkurs (Teil 5) 80
Dieses Theorem macht Sie zum Meistermagier 83
Meine Lieblingsfrauenzeitschrift 85
Wenn das Schwere eine Erleichterung ist 88
Schach rückwärts gedacht 90
Im Schach-Universum ticken Quadrate anders 93
Ein einziger Aids-Test reicht nie zur Gewissheit 98
Verknotete Kette? Da hilft Mathematik 101
Wie viele Wörter kannte Shakespeare? 104
Schlaue Sätze über die Liebe, äh … Mathematik 108
Schnellrechnen-Schnellkurs (Teil 6) 109
Der Anfang vom Rechnen mit Zufällen 111
Menschenmassen messen 113
Kein Nachbesserungsbedarf beim Satz des Pythagoras! 115
Freitag der 13. ist kein Zufall, sondern die Regel 117
Varoufakis, Spieltheorie und Schuldentilgung 120

Gibt es einen Schatten hinter dem Schatten? **123**

Schnellrechnen-Schnellkurs (Teil 7) **125**

Mehr Fairness für die Welt **128**

Einundzwanzig oder zwanzigeins? **129**

So berechnen Sie, wann Ostern ist **132**

Fußballer sind schwarmintelligent **133**

Ein Mathe-Trick für faule Zauberer **136**

Anhang

a. Verwendete und weiterführende Literatur **139**

b. Bildnachweis **140**

c. Dank **141**

d. Autor **141**

VORWORT

Seit dem 20. Februar 2014 gibt es bei ZEIT ONLINE einen Blog zum Thema Mathematik. Ich habe die Freude, der Autor dieses Blogs zu sein. Im Durchschnitt erschien ein Blog-Beitrag pro Woche. Jeder Beitrag stammt von mir und wurde anschließend von einem Mitglied der Redaktion Wissen redaktionell bearbeitet.

Dies ist das Buch zum Blog. Es enthält fast alle Beiträge bis zum 19. Juni 2015, die meisten in geringfügiger Überarbeitung. Wie der Blog richtet sich auch das Buch an mathematikinteressierte Laien. Es führt die Faszinationskraft dieser extremsten aller Wissenschaften an konkreten Beispielen des Alltags vor Augen. Es bietet Mathematik-Angehauchtes in allerlei Spielarten aus vielen Gebieten. Die fast formelfreien Stücke sind Happy-Hour-Häppchen. Sie eignen sich zur Lektüre für Minuten. Vor dem Einschlafen oder nach dem Aufwachen am Wochenende. Oder einfach mal für zwischendurch. Sie zeigen, dass die Mathematik so witzig und aberwitzig ist wie das Leben. Sehen Sie selbst. Viel Spaß dabei!

Mannheim, 2. Oktober 2015

Ihr Christian Hesse

PARADOXE GEBURTSTAGE

Kürzlich rief ich bei einer Behörde an und die Dame am Telefon brauchte zur Identifizierung mein Geburtsdatum. Es stellte sich heraus, dass wir beide am selben Tag Geburtstag haben. «Was für ein seltener Zufall», sagte die freundliche Sachbearbeiterin.

Aber stimmt das? Sind gleiche Geburtstage wirklich seltene Zufälle?

Schon in einer Gruppe von 23 willkürlich ausgewählten Personen besteht nach mathematischer Wahrscheinlichkeitsrechnung eine Chance von 50 Prozent, dass zwei Personen am selben Tag Geburtstag feiern; gleicher Monat, gleicher Tag.

Den meisten Menschen erscheint das ausgesprochen paradox. Immerhin gibt es 365 mögliche Geburtstage, mit dem 29. Februar sogar 366. Der Mathematiker Richard von Mises bezeichnete dies als *Geburtstagsparadoxon*.

Schauen wir uns kurz an, warum eine so kleine Gruppe ausreicht. Unser Gefühl verwechselt das Problem offenbar mit folgender Frage: «Wie groß muss die Gruppe sein, dass mit einer Wahrscheinlichkeit von 50 Prozent eine der Personen an einem *bestimmten* Tag Geburtstag hat, zum Beispiel an *meinem* Geburtstag?»

Darauf ist die richtige Antwort in der Tat viel größer, nämlich 253 Personen. Das ergibt 253 paarweise Vergleiche mit meinem Geburtstag. Besteht eine Gruppe nur aus 23 Personen, dann gibt es aber ebenfalls $23 \times 22/2 = 253$ paarweise Vergleiche der Geburtstage von je zwei Gruppenmitgliedern. Eine Gruppe von 23 Personen reicht also aus.

Anders ausgedrückt: Im Schnitt haben bei der Hälfte aller Fußballspiele zwei Akteure in der Startaufstellung am selben Tag Geburtstag (zwei mal elf Spieler plus Schiedsrichter).

IST DARWINS EVOLUTIONSTHEORIE FALSCH?

Einer aktuellen Studie zufolge zweifeln 90 Prozent der US-Amerikaner an Darwins Evolutionstheorie. Das brachte mich auf die Idee, die Theorie einmal mathematisch zu betrachten. Um es gleich vorweg zu sagen: Es geht mir nicht darum, Darwin zu diskreditieren oder den Anhängern des Schöpfungsglaubens Argumente zu liefern. Ich bin aber auf eine paradoxe Situation gestoßen.

Das Überleben der Schwächsten

Wir können dies im Setting eines Duells mit drei Duellanten mathematisch veranschaulichen. A sei ein unfehlbarer Schütze, der immer trifft. B habe eine Trefferwahrscheinlichkeit von 80 Prozent, trifft also im Schnitt achtmal bei zehn Schüssen. C habe eine Trefferwahrscheinlichkeit von 50 Prozent. Sie stimmen mir sicher zu, wenn ich sage, dass C der untüchtigste der drei Duellanten ist.

Das Duell wird so lange fortgesetzt, bis nur noch einer steht. Es schießt immer nur ein Schütze, der stets durch Losentscheid ermittelt wird. Hat jemand Glück, ist er mehrmals hintereinander dran. Jeder Schütze kann sein Ziel frei wählen.

Nehmen wir einmal an, A und B würden, falls sie noch eine Wahl haben, ständig auf C schießen und C auf B. Das ist die «Schwächste-Gegner-Strategie». In diesem Fall wählt der jeweilige Schütze stets seinen schwächsten Gegner als Ziel aus. Mithilfe der Wahrscheinlichkeitstheorie lässt sich berechnen, dass A, B und C die Überlebenswahrscheinlichkeiten 58 Prozent, 35 Prozent und 7 Prozent besitzen. Nicht überraschend, hat A die besten Chancen und für C sieht es eher deprimierend aus.

Deshalb kommt C ins Grübeln. Und er entscheidet sich,

wenn A und B noch stehen, nicht mehr auf B, sondern auf A zu feuern. Bleibt alles andere gleich, ändern sich damit die Überlebenschancen von A, B, C auf 43 Prozent, 48 Prozent, 9 Prozent. Also konnte C seine Überlebenschancen etwas steigern.

Wer ist der Tüchtigste?

Das war zu erwarten. Was aber überraschend ist: Nicht mehr der beste Schütze A hat jetzt die größte Überlebenswahrscheinlichkeit, sondern B.

Und das ist noch nicht alles. Sich C zum Vorbild nehmend, entschließt sich jetzt auch B, nicht auf C, sondern auf A zu feuern. So kann er seine Überlebenswahrscheinlichkeit ebenfalls steigern, von vormals 48 Prozent auf 54 Prozent. A und C liegen abgeschlagen bei 24 Prozent und 22 Prozent.

Sie ahnen es bereits. Auch der unfehlbare Schütze A kann seine Strategie verbessern, indem er nicht mehr C als Ziel wählt, sondern B. Dann haben wir die «Stärkste-Gegner-Strategie», bei der jeder Schütze stets seinen stärksten Gegner als Ziel auswählt.

Kann A damit seine Führungsrolle bei den Überlebenswahrscheinlichkeiten zurückerobern? Nein: Eine Wahrscheinlichkeitsrechnung führt für A, B und C auf die Chancen 29 Prozent, 35 Prozent und 36 Prozent.

Schwäche als Vorteil

Das Ergebnis ist paradox. Man muss es sich auf der Zunge zergehen lassen: Der mit Abstand beste, ja sogar unfehlbare Schütze A hat die schlechtesten Chancen im Überlebenskampf. Und nicht allein das: der mit Abstand schlechteste Schütze C ist der wahrscheinlichste Gewinner.

Übrigens ist die «Stärkste-Gegner-Strategie» die für alle

Beteiligten sinnvollste Verhaltensweise: Keiner kann durch alleiniges Abweichen von dieser Strategie seine Chancen verbessern. Mathematiker sprechen von einem «Nash-Gleichgewicht». Diese Gleichgewichtsstrategie führt hier evolutionär nicht zum «Überleben des Tüchtigsten», sondern vielmehr und widersinnigerweise zum «Überleben des Schwächsten». Wir sehen also, dass und wie die übermächtige Stärke des Starken sich in manchen Situationen leicht zu einer eklatanten Schwäche auswachsen kann.

SCHNELLRECHNEN-SCHNELLKURS (TEIL 1)

Es gibt Menschen, die können die dreizehnte Wurzel aus einer hundertstelligen Zahl in weniger als 13 Sekunden berechnen. Damit nehmen sie an einer riesigen Zahl schneller eine äußerst komplizierte Operation vor, als andere die Ziffern überhaupt aussprechen können. Möglich ist's dank eines ganzen Bündels von Rechentricks.

Einigen davon begegnen Sie von Zeit zu Zeit bei der Lektüre dieses Buches. Keine Sorge: Es geht nicht um Aufgaben mit hundertstelligen Zahlen, sondern einfach um ein paar coole Tricks, die für das Rechnen im Alltag nützlich sind. Zum Beispiel für das große Einmaleins.

Berechnen wir einmal 13×17.

Das geht so: Man nehme die erste Zahl (13), addiere die Einer (7) der zweiten Zahl, $13+7=20$, füge eine 0 an, 200, und addiere dazu das Produkt der Einer ($3 \times 7=21$) beider Zahlen. Ergibt: 221.

Mit derselben Methode bekommen wir $14 \times 19=266$, und zwar über diese Zwischenstufen:

$14 \rightarrow 23 \rightarrow 230 \rightarrow 266$

So meistern Sie alle Produkte von Zahlen zwischen 10 und 19 leicht und schnell.

Hier drei Aufgaben für alle, die es nun selbst probieren wollen:

$15 \times 18 = ?$
$12 \times 16 = ?$
$15 \times 15 = ?$

GOETHE IM DUELL MIT NEWTON

Goethe ist Kult. Als ein Meinungsforschungsinstitut vor gut zwei Jahren nach dem bedeutendsten Deutschen aller Zeiten fragte, landete der große Dichter aus Weimar unangefochten auf Platz 1. Dabei gibt es durchaus etwas, das man ihm nachtragen kann: sein fehlendes Verständnis für die Mathematik.

Was viele nicht wissen, ist, dass Johann Wolfgang von Goethe über viele Jahre mehr Zeit und Leidenschaft in naturwissenschaftliche Studien investiert hat als in seine Dichtkunst. Der monumentale Beweis für sein Engagement in den Naturwissenschaften ist das tausendseitige Werk *Zur Farbenlehre*, an dem er mehr als zwei Jahrzehnte schrieb. Um davon gebührend Notiz zu nehmen, sei erwähnt, dass Goethe, nach eigener Aussage, auf die darin festgehaltenen Ergebnisse seines Denkens stolzer war als auf alles, was er als Dichter geleistet hat. Das ist eine erstaunliche Aussage.

Ins Staunen gerät auch, wer dieses Werk mit der Mathematik-Brille liest. Goethe präsentiert darin einen – um es gleich vorweg zu sagen – ziemlich missratenen Gegenentwurf zu Newtons gut 100 Jahre zuvor veröffentlichter Farbentheorie. Während Newton mathematisch bewies, dass weißes Licht in berechenbarer Weise in die Farben des Regenbogens zerlegbar ist, hielt Goethe diese Sicht für absurd, denn «klares, reines, ewig ungetrübtes Licht kann nicht aus dunklen Lichtern zusammengesetzt sein».

Laut Goethe war Newtons Theorie «barer Unsinn»

Er geht sogar noch einen Schritt weiter. Der «Polemik»-Teil des Buches ist prall gefüllt mit Invektiven gegen Newton und die Mathematik. Newtons Theorie nennt er darin «baren Unsinn», etwas «ähnlich Närrisches und Lächerliches von Erklärungsart» sei kaum in der Geschichte der Wissenschaften zu finden.

Dabei liegt der Fehler bei ihm. Goethes Farbenlehre wurde schon von den Mathematikern und Physikern seiner Zeit einhellig verworfen. Goethe war wohl mehr Sprachmensch als ein zu mathematisch-analytischem Denken befähigter Kopf. Er hat sich selbst als «zahlenscheu» bezeichnet und Newtons in der Mathematik grundierte Argumentation einfach nicht nachvollziehen können.

Was den Dichter nicht davon abhielt, sich mehrheitlich negativ über Mathematiker zu äußern. Der folgende Passus ist kein Einzelfall: «Dass aber ein Mathematiker, aus dem Hexengewirre seiner Formeln heraus, zur Anschauung der Natur käme und Sinn und Verstand unabhängig wie ein gesunder Mensch brauchte, werde ich wohl nicht erleben.»

Daten statt Dativ

Dies wäre nicht weiter schlimm, wenn nicht Goethe in unserer Gesellschaft bis zum heutigen Tag ein solch enormes Ansehen genießen würde. Er ist deshalb mitverantwortlich für die bei uns in Deutschland immer noch grassierende geringe Wertschätzung der Mathematik als Erkenntnismethode. Nirgendwo sonst trifft man als Mathematiker immer wieder auf Menschen, die mit ihrer Mathematikunkenntnis auch noch kokettieren. In Frankreich, in Skandinavien, auch in Asien ist das undenkbar.

Ein echtes Problem. Wir stehen heute an der Schwelle zu

einer Ära, in der allein mit sprachlicher Kompetenz schon der ganz normale Alltag nicht mehr gut gemeistert werden kann. Inzwischen gibt es auf unserem Planeten mehr Zahlen als Wörter. Deshalb brauchen wir dringend ein höheres Niveau an quantitativer Bildung in unserer Gesellschaft. Wir brauchen größere und weiter verbreitete Fähigkeiten, mit Zahlen, Daten, Statistiken umzugehen, Wahrscheinlichkeiten einzuschätzen, Chancen und Risiken zu bewerten, mit wenig Information gute Entscheidungen zu treffen.

Somit brauchen wir in unseren Schulen mehr Gauß und weniger Goethe. Wir brauchen, etwas überspitzt und polemisch auf den Punkt gebracht: mehr Datenkompetenz und weniger Dativkompetenz.

WARUM IHRE FREUNDE BELIEBTER SIND ALS SIE

Auf Facebook tummeln sich dieser Tage rund 27 Millionen Deutsche. Über wenige Ecken kennt in dem sozialen Netzwerk jeder jeden. Mit der Integration des Nachrichtendienstes WhatsApp sollen die Beziehungen der Nutzer noch enger und viele neue Freundschaften geschlossen werden. Da stellt sich die Frage: Wie ist es um Ihren Freundeskreis bestellt?

Das Netzwerk Ihrer Freunde ist sehr komplex. Es besteht aus Ihnen, Ihren Freunden, den Freunden Ihrer Freunde, den Freunden der Freunde Ihrer Freunde ... Es ließe sich beliebig fortführen. Betrachten wir also nun konkret die Zahl Ihrer Freunde. Und ferner die Zahl der Freunde, die Ihre Freunde im Schnitt haben. Zwar kenne ich Sie nicht und weiß auch nicht, wie viele Freunde Sie haben, aber ich werde trotzdem die Prognose wagen, dass Ihre Freunde im Durchschnitt mehr Freunde haben als Sie. Richtig?

Falls das so ist, sollten Sie jetzt nicht denken, dass Sie weniger anziehend, interessant oder sympathisch sind als Ihre

Freunde. Es ist schon aus mathematischen Gründen so. Bei fast allen.

Auf den ersten Blick scheint es widersinnig: Warum sollte statistisch ein Unterschied bestehen zwischen der Zahl der Freunde eines Menschen und der Zahl der Freunde eines Freundes dieses Menschen? Dennoch ist es so. Es wird als *Freundschaftsparadoxon* bezeichnet.

Im Schnitt hat jeder Freund 635 Freunde

Mit Facebook lässt sich das wunderbar prüfen. Ein Facebook-User hat im Schnitt 190 Freunde. Das hat eine Studie aus dem Jahr 2011 ergeben. Doch von den Freunden eines Facebook-Users hat jeder im Schnitt 635 Freunde. Das ist ein beachtlicher Unterschied, der auf eine starke Verzerrung hindeutet. Und in der Tat, für 93 Prozent der Menschen auf Facebook ist ihre Freundesliste kürzer, als die ihrer Freunde oder Freundinnen im Durchschnitt ist.

Ist das schlimm? Vielleicht. Laut einer anderen Studie korreliert eine zunehmende Benutzung von Facebook mit wachsender persönlicher Unzufriedenheit des Nutzers. Für viele erzeuge Facebook das Gefühl, dass ihre Freunde ein interessanteres, cooleres, geselligeres Leben haben als sie selbst. Und das Freundschaftsparadoxon trägt zu diesem Gefühl bei.

Woher kommt nun die starke Verzerrung? Die Zahl der Freunde Ihrer Freunde ist deshalb zu Ihren Ungunsten verzerrt, weil Menschen mit vielen Freunden allein schon wegen ihrer großen Freundeszahl eine größere Chance haben, auch mit Ihnen befreundet zu sein. Das heißt, Menschen mit vielen Freunden sind unter Ihren Freunden überrepräsentiert, während Menschen mit wenigen Freunden unter Ihren Freunden im Vergleich zum Gesamtnetzwerk unterrepräsentiert sind.

Niemandes und jedermanns Freund

Betrachten wir die Extremfälle: Jemand, der null Freunde hat, hat auch eine Wahrscheinlichkeit null, Ihr Freund zu sein. Er taucht im Gesamtnetzwerk zwar auf, trägt den Wert null zum Durchschnitt der Freunde aller User bei, tritt aber in niemandes Freundesliste auf. Anders dagegen ist es mit jemandem, der alle zu Freunden hat. Er ist mit Wahrscheinlichkeit 100 Prozent nicht nur Ihr Freund, sondern jedermanns Freund und taucht mit seiner großen Zahl von Freunden auf der Freundesliste jedes Users auf.

Die meisten Freunde liegen natürlich zwischen diesen beiden Extremen. Sie tendieren eher in Richtung mehr als weniger. Allgemein gesprochen: Ein zufällig ausgewählter Freund hat eine größere Wahrscheinlichkeit, Freund eines Menschen mit vielen Freunden zu sein, als ein Freund eines Menschen mit wenig Freunden.

JE MEHR FREUNDE, DESTO GRIPPE

Hatten Sie schon die Grippe dieses Jahr? Wenn nicht, kann es bald so weit sein. Die Viren gehen derzeit besonders um. In solchen Zeiten wird das Netzwerk unserer sonst so geschätzten Freunde zu einem Problem. Es hat eine ziemlich komplizierte Struktur und faszinierende Eigenschaften. Eine davon ist das Freundschaftsparadoxon, das wir im vorausgehenden Beitrag angesprochen haben. Mit seiner Hilfe lässt sich die Entwicklung einer Grippe-Epidemie vorhersagen.

Das Netzwerk besteht aus Ihnen, Ihren Freunden, den Freunden Ihrer Freunde, den Freunden der Freunde Ihrer Freunde ... Das ist im richtigen Leben so, aber auch in sozialen Netzwerken wie etwa Facebook. Die mittlere Zahl der Freunde von Facebook-Usern lag nach einer Studie aus dem

Jahr 2011 bei 190. Gleichzeitig hatten deren Freunde im Schnitt aber 635 Freunde.

Diese Verzerrung rührt daher, weil es umso wahrscheinlicher ist, mit einer Person befreundet zu sein, je mehr Freunde sie hat. Dieser Gedanke macht das Paradoxon plausibel.

Mehr Freunde = öfter krank

Nicht in jeder Hinsicht ist es gut, viele Freunde zu haben. Menschen mit mehr Freunden als andere sind im Schnitt auch öfter krank als andere, stecken sich zum Beispiel öfter mit Grippe an. Die Wissenschaftler Nicholas Christakis und James Fowler haben dazu eine interessante Studie durchgeführt. Ausgehend vom Freundschaftsparadoxon bestimmten sie eine repräsentative Stichprobe von Personen aus einer Population. Das ist die Gruppe A. Dann werden die Menschen in Gruppe A gebeten, jeweils mindestens einen Freund zu benennen. Die so benannten Personen bilden die Gruppe B der Freunde.

Diese beiden Gruppen unterscheiden sich in mancher Hinsicht: Bei der Untersuchung von Christakis und Fowler an insgesamt 744 amerikanischen Studenten, die entweder Mitglieder einer zufällig ausgewählten Stichprobe waren (Gruppe A) oder zu den von A-Mitgliedern benannten Freunden zählten (Gruppe B), zeigte sich, dass die Mitglieder der Freundesgruppe B im Schnitt zwei Wochen früher an Grippe erkrankten als die Personengruppe A (Christakis & Fowler, 2011).

Das ist ein extrem nützliches Resultat für die Prognose von Grippeepidemien. Es ist eine Art Frühwarnsystem, wenn es darum geht zu prognostizieren, welche Region in Zukunft mit einer derartigen Epidemie zu rechnen hat. Andere Prognosemethoden wie die Befragung von Ärzten nach der aktuellen Zahl der Grippepatienten oder die Erhebung von Trends auf Google, etwa die Anzahl der Recherchen nach Suchbegriffen mit Grippesymptomen, können immer nur den aktuellen Zustand abbilden. Dagegen liefert die Untersuchung von Krankheitsverläufen in Freundesgruppen einen zweiwöchigen zeitlichen Vorlauf für die Gesamtpopulation. Der ist für Planungen extrem wichtig.

SCHNELLRECHNEN-SCHNELLKURS (TEIL 2)

Im ersten Teil des Schnellrechnen-Schnellkurses habe ich erwähnt, dass es Menschen gibt, die die dreizehnte Wurzel aus einer 100-stelligen Zahl in weniger als 13 Sekunden berechnen können. Als Nachtrag hierzu noch die Information, dass man es auch mithilfe von Arbeitsteilung schaffen kann, aber nicht so schnell: In den 1990er Jahren trat eine Gruppe von Schülerinnen und Schülern bei *Wetten, dass …?* auf, die eine solche Wurzel innerhalb von vier Minuten berechnete. Sie hatten die große Aufgabe in sehr viele kleine Rechenschritte zerlegt, die dann auf die Mitglieder der Gruppe aufgeteilt wurden. So hatten einige zum Beispiel Teile von Logarithmentafeln auswendig gelernt.

Doch genug davon. Hier nun der nächste Trick fürs Multiplizieren. Er erweitert die Methode fürs große Einmaleins, bei dem die Zehnerzahl 1 ist, auf eine beliebige (aber dieselbe) Zehnerzahl. Im allgemeineren Fall wird ein zusätzlicher Dreh benötigt:

Betrachten wir 46×42.

Beide Zahlen haben als Zehner die 4. Wie beim großen Einmaleins nehme man die erste Zahl, 46, zähle die Einer (2) der zweiten Zahl hinzu, 48, multipliziere mit dem gemeinsamen Zehner (4) beider Zahlen, ergibt 192, füge eine 0 an, 1920, und addiere das Produkt der Einer ($6 \times 2 = 12$).

Als Ergebnis haben wir 1932. Beim großen Einmaleins war die Methode um einen Schritt kürzer, da die Multiplikation mit dem gemeinsamen Zehner (1) entfallen konnte.

Der Grund dafür, dass es klappt, ist dieser: Die Ziffernfolge «ab» ist die Zahl $10a+b$. Also bilden wir Produkte der Form $(10a+b)\times(10a+c)$. Der Trick errechnet das als

$[(10a+b)+c]\times 10a+b\times c$. Multipliziert man jeweils aus, ergibt sich in beiden Fällen: $100a^2+10a\times b+10a\times c+b\times c$.

Und hier wieder ein paar Vorschläge fürs Selberausprobieren:

$61\times 67=$

$24\times 24=$

$59\times 53=$

BEITRAG ZUM WELTFRIEDEN

Im Leben gibt es immer wieder Situationen, in denen etwas fair aufgeteilt werden muss: Unter Koalitionären sind es Ministerposten, während einer Scheidung ist es der Besitz.

Die einfachste Regel zwischen zwei Personen ist natürlich: Der eine teilt, der andere darf aussuchen. Wenn es allerdings um nicht teilbare Objekte geht oder unter mehr als zwei Personen geteilt werden muss, versagt dieser einfache Ansatz.

Gerechte Teilung heißt nicht etwa, dass jeder von allem dieselbe Menge bekommt. Vielmehr müssen subjektive Bewertungen einbezogen werden. Vielleicht bedeutet jemandem das Haus sehr wenig, das Porzellan der Großmutter aber sehr viel. Für derart schwierige Aufteilungsprobleme haben der Spiel-Theoretiker S. Brams und der Mathematiker A. D. Taylor eine Fairnessformel entwickelt.

Angenommen, Herr Meier und seine Frau wollen sich scheiden lassen. Zunächst wird die gesamte Streitmasse aufgelistet. Dann signalisieren beide durch Punktevergabe, wie viel ihnen die einzelnen Objekte wert sind. Beide vergeben jeweils 100 Punkte:

	Herr M.	Frau M.
Haus	50	30
Ferienwohnung	10	10
Schmuck	20	40
Aktien	15	10
Sonstiges	5	10

Zuerst bekommt jeder die Gegenstände, für die er mehr Punkte abgegeben hat als der andere: Herr Meier also Haus und Aktien, Frau Meier Schmuck und Sonstiges. Herr Meier hat dann 50+15=65 seiner Punkte und seine Frau 40+10=50 ihrer Punkte bekommen.

Da die Nochehefrau zurückliegt, erhält sie jetzt noch alle Objekte, die beide Seiten gleich bepunktet haben. Das ist hier nur die Ferienwohnung. Das bringt Frau Meiers Saldo auf 40+10+10=60 Punkte.

Nun müssen Bruchteile übertragen werden, um subjektive Punktgleichheit zu erreichen. Herr Meier muss von seinen Objekten etwas abtreten. Dabei ist es wichtig, in welcher Reihenfolge das geschieht. Die Reihenfolge der Objekte wird durch das Verhältnis ihrer subjektiven Werte bestimmt. Dazu werden die folgenden Quotienten gebildet:

Herr M.s Punkte für ein Objekt/Frau M.s Punkte für ein Objekt

Für das Haus ist dieser Quotient zum Beispiel 50/30= 1,67, für die Aktien 15/10=1,5. Nun nimmt man das Objekt mit dem kleinsten Bruch, in diesem Fall die Aktien. Ihre Bewertung unterscheidet sich nicht so stark unter den Eheleuten. Das Haus behält also Herr Meier, die Aktien müssen aufgeteilt werden. Daher wird nun ein gewisser Anteil p an

Frau Meier übertragen. Dann verbleibt Herrn Meier noch der Rest, also $1-p$.

Frau Meiers subjektive Punktzahl steigt so auf $60+10p$, die von Herrn Meier wird auf seiner Skala zu $50+15(1-p)$. Beide Punktzahlen sollen gleich sein: $60+10p=50+15(1-p)$. Die Gleichung aufgelöst, ergibt nun für p den Wert 1/5, also 20 Prozent.

Um Punktgleichheit zu erreichen, erhält Frau Meier nun 20 Prozent des Aktienpakets, ihr Mann 80 Prozent. Auf ihrer Skala erhält Frau Meier den Gesamtwert von $40+10+10+10\times1/5=62$ Punkten, ebenso Herr Meier auf seiner Skala: $50+15\times4/5=62$ Punkte.

Typischerweise bekommt jeder mit diesem Verfahren «gefühlte» rund zwei Drittel des Streitwerts.

Es ist ein mathematischer Beitrag zum Frieden in der Welt durch Vermeidung von Rosenkriegen.

Können Sie sich noch andere interessante Anwendungen vorstellen?

MIT STATISTIK-TRICKS STEUERSÜNDER ENTLARVEN

Steuerhinterzieher halten sich gewöhnlich für schlau, schlauer jedenfalls als das Finanzamt, dem schon qua Amt Minderintelligenz unterstellt wird. Sie unterschlagen in ihren Steuererklärungen nicht nur Gewinne, oft in Millionenhöhe, wie der spektakulär gescheiterte Uli Hoeneß. Im Glauben, geschickter vorzugehen, fälschen und manipulieren sie ihre Steuererklärungen auch gezielt, um die Finanzbeamten zu täuschen. Hier kommt die Mathematik ins Spiel, deren Anwendung ein vermeintlich dummes Amt zu einer Intelligenzagentur machen kann. Fahnder nutzen sie nämlich, um Steuersündern auf die Schliche zu kommen. Denn es gibt erstaunliche statistische Gesetzmäßigkeiten.

Wenn die nicht erfüllt sind, schöpfen Steuerexperten Verdacht.

Aber der Reihe nach.

Es gibt mehr kleine als große Dinge in der Welt. Und auch in der Welt der Zahlen ist das so. Unser Kosmos hat wohl eine Vorliebe für Zahlen mit kleinen Anfangsziffern. Jede Zahl kann man schreiben, indem man einen Wert M zwischen 1 und 10 mit einer Zehnerpotenz multipliziert. Also 3,1 mal 10 hoch 2 statt 310. Kurioserweise treten in der Welt häufig Zahlen auf, deren Faktoren M kleiner als 4 sind. Das sind Zahlen mit Anfangsziffern 1, 2 oder 3.

Das können Sie feststellen, indem Sie eine beliebige Zeitungsseite aufschlagen oder eine Website aufrufen und die Anfangsziffern aller in den Artikeln auftretenden Zahlen oder Zahlwörter notieren. Solche mit kleinen Anfangsziffern bilden die Mehrheit. Genauer: Die Anfangsziffern der Zahlen vieler Datensätze – von Einwohnerzahlen über Naturkonstanten bis hin zu beliebig zusammengemischten Werten in Nachrichten und Berichten – folgen der Benford-Verteilung, auch *Benford'sches Gesetz* genannt.

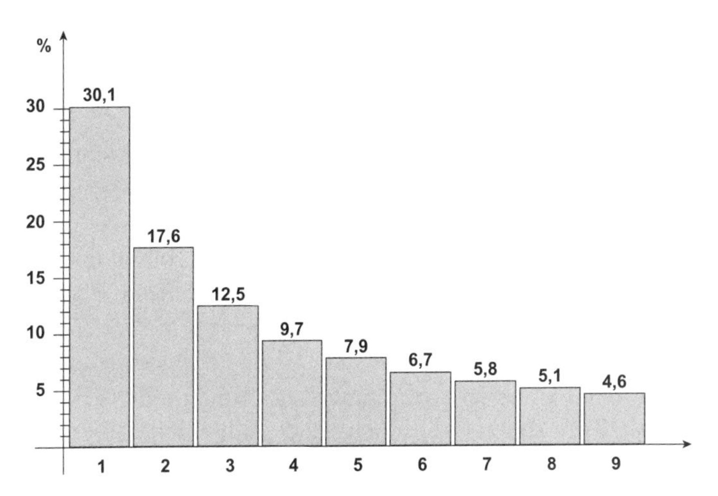

Der Abbildung ist zu entnehmen, dass die relative Häufigkeit der Anfangsziffer 1 mehr als sechsmal größer ist als die der Anfangsziffer 9.

Für die meisten Menschen kommt das sehr überraschend. Es ist kein Grund erkennbar, warum unsere Welt zum Beispiel die Zahl 1362 gegenüber der Zahl 9362 favorisieren sollte. Sie unterscheiden sich lediglich durch eine Ziffer. Und dennoch ist es so: Eine Google-Zählung nach beiden Zahlen bestätigt Ihnen das sofort.

Wie kommt es zur Benford-Verteilung?

Wenn es ein allgemeingültiges Verteilungsgesetz der Anfangsziffern gibt, dann kann es nicht davon abhängen, in welchen Einheiten die Zahlen angegeben werden, ob in Celsius oder Fahrenheit, Kilometern oder Meilen, Euro oder Dollar. Das Gesetz muss auf jeder infrage kommenden Mess-Skala gelten, also universell sein. Mathematiker nennen diese Eigenschaft *Skaleninvarianz.*

Skaleninvarianz bedeutet etwas weitergedacht, dass die 10er-Logarithmen der obigen Faktoren M gleichmäßig im Intervall von 0 bis 1 variieren. Diese Gleichverteilung bei den Logarithmen der Faktoren M führt dann zur Ungleichverteilung der Anfangsziffern. Das kann man sich zum Beispiel anhand von Aktienkursen plausibel machen. Wenn der Kurs einer Aktie von 100 auf 200 Punkte steigt, ist das ein Zuwachs von 100 Prozent. Derselbe Anstieg um 100 Punkte von 900 auf 1000 ist schon mit einem Zuwachs von nur 11 Prozent zu haben. Insofern ist der Weg von 100 nach 200 Punkten viel länger als der von 900 bis 1000 Punkten. Bei gleichmäßigem Wachstum verbleibt der Kurs deshalb im Bereich der Anfangsziffer 1 viel länger als im Bereich mit Anfangsziffer 9. Für den Kurs der Aktie bedeutet dies, dass die Ziffer 1 viel öfter am Anfang vorkommt als Ziffer 9.

Das Benford'sche Verteilungsgesetz gilt für die überwiegende Mehrheit von Finanzdaten: Echte, unverfälschte, saubere Finanzdaten folgen der Benford-Verteilung, fabrizierte Daten in der Regel nicht.

Der US-Statistiker Mark Nigrini, Professor für Buchhaltungswesen, hat Daten über die Zinserträge, die amerikanische Banken an die Steuerbehörde leiten, statistisch untersucht und fand das Benford-Gesetz sehr genau erfüllt. Doch die von den Steuerpflichtigen in ihren Steuererklärungen angegebenen Beträge wichen oft davon ab.

Nigrini hat eine Software entwickelt, die bereits in vielen Ländern, auch in Deutschland, von Behörden und Wirtschaftsprüfern zum Aufspüren von manipulierten Steuererklärungen und gefälschten Bilanzen eingesetzt wird. Er hat sie an Fällen zugegebener Steuerhinterziehung getestet: Keine der Erklärungen passierte seinen Benford-Test.

Es ist aber auch ziemlich schwierig, Daten so zu fälschen, dass sie weiterhin Benford-artig bleiben. Denn nicht nur die Anfangsziffern, sondern auch die folgenden Ziffern natürlich vorkommender Daten zeigen statistische Auffälligkeiten. Es mag nur ein kleiner Unterschied sein, wenn jemand einen tatsächlichen Gewinn von 12 432 Euro auf 9921 Euro nach unten drückt, doch schon diese eine Manipulation verzerrt das Gefüge der ersten beiden Ziffern erheblich. Und da es hier um die Ziffer «9» geht, die einen starken Verzerrungshebel hat, kann der Datensatz schon dadurch auffällig werden. Etwas überpointiert könnte man sagen: Einen Daten-Guru kann man nicht belügen.

Wenn Steuererklärungen beim Benford-Test durchfallen, ist das natürlich kein juristisch zwingender Beweis für Fälschung, aber es ist ein Signal für die Steuerbeamten, einmal genauer hinzuschauen, Belege anzufordern, Einträge zu prüfen und eventuell eine Steuerrevision zu veranlassen. Wer denkt, das Finanzamt sei zu blöd, um Fälschungen aufzudecken, kann sich dabei leicht verrechnen.

Vor 101 Jahren wurde Paul Erdős geboren. Erdős war ein anerkanntes Genie und ein Arbeitstier. Bereits mit drei Jahren widmete er sich der Mathematik, rechnete Freunden seiner Eltern ihr Lebensalter in Sekunden aus. Als seine Mutter starb – Erdős war da bereits 58 –, wurde seine Leidenschaft vollkommen zur Besessenheit. Fortan arbeitete er 19 Stunden am Tag. Um dem Druck standzuhalten, putschte er sich mit Amphetaminen auf.

In den letzten 25 Jahren seines Lebens war Erdős ohne feste Bleibe. Auch sein Einkommen war als Mathematiker bescheiden. Er reiste von Konferenz zu Konferenz, von Freund zu Freund. Einige hielten in ihrem Haus ein Erdős-Zimmer dauerhaft frei, andere kümmerten sich um seine Finanzen, seine Gesundheit, seine Altersversorgung, sein allgemeines Wohlbefinden.

Insgesamt 1475 wissenschaftliche Publikationen ziert heute sein Name. Extrem harte mathematische Probleme werden darin behandelt. Und gelöst natürlich. Doch mit dem folgenden Paradoxon von den Drei Türen – auch bekannt als das *Ziegenproblem* – hatte das Genie seine Schwierigkeiten: Sie sind Kandidat in einer Quizshow und dürfen eine von drei verschlossenen Türen auswählen. Hinter einer der Türen ist als wertvoller Preis ein Auto versteckt, hinter den beiden anderen Türen befindet sich jeweils eine Ziege. Nachdem Sie Ihre Tür gewählt haben, sagen wir Tür 1, öffnet der Quizmaster, der genau weiß, wo sich der Hauptgewinn befindet, immer eine Ziegentür, sagen wir Tür 3. Danach fragt er Sie, ob Sie bei Ihrer ersten Wahl bleiben oder zu Tür 2 wechseln wollen. Angenommen, Sie möchten das Auto gewinnen, ist es dann günstiger, zu wechseln, nicht zu wechseln oder ist es eigentlich egal?

Das Schöne an diesem Problem ist, dass es meist hitzige

Diskussionen auslöst – noch heute: über die richtige Strategie, über Wahrscheinlichkeiten, den Zufall und über optimale Entscheidungen unter Unsicherheit. Jedenfalls war das meine Erfahrung, wann immer ich auf Partys (ja, auch gelegentlich dort!) oder sonst davon erzählt habe.

Haben Sie Lust, sich mit dem großen Paul Erdős zu messen? Würden Sie zu Tür 2 wechseln? Und warum oder warum nicht?

Zwar wurde noch keine Religion aus der Frage gemacht, ob man wechseln soll oder nicht, doch auch so gibt es zwischen beiden Fraktionen einen regelrechten Glaubenskrieg. Selbst einige sehr schlaue Köpfe hatten Schwierigkeiten mit diesem Problem, darunter auch Paul Erdős. Er beharrte so lange auf der falschen Lösung, bis ein Computer ihn vom Gegenteil überzeugen konnte.

Nach meiner eigenen Erfahrung denken die meisten Menschen, mit denen ich über das Problem gesprochen habe, es sei egal, ob man wechselt oder nicht. Ist es aber nicht. Wenn Sie tatsächlich das Auto gewinnen wollen und der Moderator, sofern er die Wahl zwischen zwei Ziegentüren zum Öffnen haben sollte, rein zufällig eine der beiden auswählt, dann verdoppelt ein Türwechsel Ihre Gewinnchance. Die richtige Antwort lautet also: Man sollte wechseln. Wie aber sie begreiflich machen?

Es gibt dafür viele Möglichkeiten. Man kann Fallunterscheidungen vornehmen, mit Baumdiagrammen arbeiten oder das Bayes'sche Theorem aus der Wahrscheinlichkeitstheorie bemühen.

Der einfachste Weg scheint mir dieser zu sein: Schauen wir uns an, wann die beiden konkurrierenden Strategien zum Erfolg führen.

Wenn ich nicht wechsle, gewinne ich das Auto dann und nur dann, wenn ich mit meiner Wahl die Autotür getroffen habe. Da es nur ein Auto, aber drei Türen gibt und das Auto mit gleicher Wahrscheinlichkeit hinter jeder der Türen stehen kann, ist die Gewinnwahrscheinlichkeit 1/3.

Wenn ich wechsle, gewinne ich das Auto dann und immer dann, wenn ich bei meiner ersten Wahl eine der Ziegentüren gewählt habe. Da es zwei Ziegentüren gibt, ist die Wahrscheinlichkeit dafür 2/3. Habe ich nämlich anfangs eine Ziegentür gewählt, so ist der Moderator gezwungen, die andere Ziegentür zu öffnen, und mein anschließender Türwechsel bringt mich zur Autotür.

Voilà.

Psychologisch interessant ist die Frage, warum so viele Menschen denken, die beiden am Ende noch geschlossenen Türen hätten dieselbe Gewinnchance von 1/2. Entwicklungspsychologen wie der Schweizer Jean Piaget haben festgestellt, dass wir als Kinder Wahrscheinlichkeiten intuitiv verstehen lernen als Anteil der möglichen Fälle für ein Ereignis unter allen Fällen. Viele verwenden diese Intuition auch als Erwachsene. Diese Intuition scheitert dann, wenn nicht alle möglichen Fälle dieselbe Chance des Auftretens haben. Tauben hingegen scheinen dieses Problem nicht zu haben: In einer Studie schlugen sechs Tiere zwölf Studenten auf der Suche nach der besten Strategie. Es ist ein weiterer Beleg dafür, dass die menschliche Intuition beim Umgang mit Wahrscheinlichkeiten erheblichen Verzerrungen ausgesetzt ist. Ich habe schon überlegt, mir dienstlich ein paar Tauben anzuschaffen, um die Taubenschwarmintelligenz für knifflige Wahrscheinlichkeitsprobleme zu nutzen ;-)

SCHNELLRECHNEN-SCHNELLKURS (TEIL 3)

Der dritte Beitrag zum Schnellrechnen beginnt mit einer kurzen Erinnerung an Jakow Trachtenberg (1888–1953), der dazu ein ganzes System entwickelt hat. Er war ein russischer Mathematiker und Ingenieur, der 1917 nach der Oktoberrevolution floh und sich in Berlin niederließ.

Später geriet Trachtenberg wegen seiner Kritik an Hitler in Opposition zum Naziregime und musste abermals um sein Leben fürchten. Deshalb siedelte er sich mit seiner Frau in Wien an. Nach dem «Anschluss» wurde er von den Nazis gefangen genommen und in verschiedenen Konzentrationslagern inhaftiert.

Um die Zeit im Lager irgendwie auszuhalten, befasste er sich während der jahrelangen Inhaftierung mit der Entwicklung schneller Kopfrechenverfahren. Diese erdachte er ohne Bleistift und Papier, allein mit mentalem Jonglieren.

Am wichtigsten sind bis heute seine Verfahren für die Multiplikation und Division auch großer Zahlen. Trachtenbergs Ziel war es dabei immer, die auszuführenden Operationen gering-komplex zu halten, mit so wenig wie möglich zu memorierenden Zwischenschritten.

Im Folgenden zeige ich Ihnen das Trachtenberg-System für die Multiplikation beliebiger zweistelliger Zahlen.

Nehmen wir 21×32.

Erst vertikal, dann kreuzweise, dann wieder vertikal.

Schreiben wir die Zahlen untereinander:

21

32

Die Einerstelle des Produkts erhält man, indem man die Einerstellen (1 und 2) miteinander multipliziert. Das ist der erste vertikale Schritt. Er ergibt $1 \times 2 = 2$.

Dann multipliziert man Zehner- und Einerstellen über Kreuz und addiert: $2 \times 2 + 1 \times 3 = 7$. Das ist die nächste Ziffer des Produkts.

Schließlich multipliziert man die Zehnerstellen (2 und 3) miteinander. Das ist der zweite vertikale Schritt: Er ergibt $2 \times 3 = 6$. Das ist die dritte Ziffer des Produkts.

Das Ergebnis ist die Zahl 672.

Falls bei den ersten beiden Schritten statt einer Ziffer eine zweistellige Zahl auftritt, wird nur deren Einerstelle notiert und ihre Zehnerstelle beim folgenden Schritt dazuaddiert. Auch hierzu ein Beispiel: 34×53

34

53

Für die Einerstelle des Produkts multipliziere $4 \times 3 = 12$. Notiere die 2, merke die 1.

Multiplikation über Kreuz ergibt $3 \times 3 + 4 \times 5 = 29$. Plus 1 ergibt 30. Notiere die 0, merke die 3.

Schließlich multipliziere die Zehnerstellen und addiere dazu die gemerkte 3 vom vorhergehenden Schritt: $3 \times 5 + 3 = 18$

Das Ergebnis ist 1802.

Und hier ein paar Vorschläge zum Selbstrechnen:

$47 \times 62 =$

$53 \times 71 =$

$28 \times 80 =$

NOCH MEHR ZIEGEN

Für alle, die Spaß am Ziegenproblem hatten, gebe ich noch eine kleine Zugabe:

Hinter einer von drei verschlossenen Türen steht als Hauptgewinn ein Auto, hinter den beiden anderen je eine Ziege. Sie zeigen auf eine Tür, sagen wir Tür 1. Der Moderator rutscht aus und öffnet dabei mit gleicher Wahrscheinlichkeit eine der beiden anderen Türen, die sich zufällig als Ziegentür erweist. Dann gibt er Ihnen die Möglichkeit, bei Ihrer ersten Wahl zu bleiben oder zur anderen ungeöffneten Tür zu wechseln. Ist es für Ihre Gewinnchance auf den Hauptgewinn besser zu wechseln, nicht zu wechseln, oder ist es egal?

Dieses Setting unterscheidet sich insofern vom klassischen Ziegenproblem, als der Moderator beim Ausrutschen durch Zufall auch die Tür mit dem Auto geöffnet haben könnte. Zwar hat er das nicht, doch verändert allein die Möglichkeit die Gewinnchancen. Im klassischen Problem verdoppeln Sie Ihre Gewinnchance mittels Wechseln von 1/3 auf 2/3. Beim jetzigen Problem sind die Gewinnchancen in beiden Fällen jeweils 1/2.

Das zeigt eine Fallunterscheidung. Wenn Sie nämlich Tür 1 gewählt haben, gibt es vier zu berücksichtigende Situationen, in denen die vom Moderator geöffnete Tür eine Ziegentür ist:

1. Auto ist hinter Tür 1 und Tür 2 wird geöffnet.
2. Auto ist hinter Tür 1 und Tür 3 wird geöffnet.
3. Auto ist hinter Tür 2 und Tür 3 wird geöffnet.
4. Auto ist hinter Tür 3 und Tür 2 wird geöffnet.

Diese vier Situationen sind gleich wahrscheinlich unter den gegebenen Informationen über das Öffnen der Tür durch den Moderator. Da das Auto mit Wahrscheinlichkeit 1/3 hinter Tür 1 ist und der Moderator in diesem Fall mit Wahrscheinlichkeit 1/2 Tür 2 öffnet, sieht man, dass Situation 1 mit Wahrscheinlichkeit 1/6 auftritt. Ebenso Situation 2.

Und selbst für Situation 3 und 4 gilt diese Wahrscheinlichkeit, da jetzt der Moderator Tür 3 – beziehungsweise Tür 2 – auch nur mit der Wahrscheinlichkeit 1/2 öffnet. Im klassischen Ziegenproblem dagegen öffnete er dann zwingend Tür 3 – beziehungsweise Tür 2. Die Wahrscheinlichkeit lag also bei 1. Das ist der Unterschied zwischen dem Originalproblem und der Zugabe.

Schauen wir uns nun die vier gleich wahrscheinlichen Situationen an: In zwei der vier Situationen gewinnen Sie beim Wechseln und in den anderen zwei beim Nichtwechseln. Deshalb spielt es keine Rolle, ob Sie es tun oder nicht.

Der Ablauf lässt sich natürlich auch mit einem Computer

simulieren, also mit ihm gewissermaßen die Wirklichkeit wiederholt durchspielen. Man kann diese Durchläufe sogar im Kopf als Gedankenexperiment ablaufen lassen.

Bei 300-maligem Durchspielen zeigen Sie im klassischen Ziegenproblem im Schnitt 100-mal auf eine Autotür und 200-mal auf eine Ziegentür. Wenn Sie nicht wechseln, gewinnen Sie also 100-mal und verlieren 200-mal. Wenn Sie wechseln, ist es umgekehrt.

Bei der Zugabe zum Ziegenproblem ist es anders:

Im Schnitt in 100 von 300 Durchläufen zeigen Sie auf die Autotür und in 200 auf eine Ziegentür. In den 100 Durchläufen, in denen Sie auf das Auto zeigen, ändert sich gegenüber dem klassischen Setting nichts (Sie gewinnen, wenn Sie nicht wechseln).

In den 200 Durchläufen, in denen Sie auf eine Ziegentür zeigen, wird in 100 vom Moderator die andere Ziegentür geöffnet (hier gewinnen Sie, wenn Sie wechseln), und in weiteren 100 Durchläufen wird vom Moderator die Autotür geöffnet. Letztere werden als ungültig gewertet, da diese Situation nicht eingetreten ist.

Also haben wir folgendes Endergebnis der 300 Durchläufe: Im Schnitt 100-mal gewinnen Sie, wenn Sie wechseln, ebenfalls 100-mal, wenn Sie nicht wechseln. Und 100 Durchläufe sind ungültig. Wechseln und Nichtwechseln haben damit dieselbe Gewinnchance.

Interessant wäre schließlich noch eine Anwendung des Drei-Türen-Paradoxons im Alltag. Ich nenne es einmal das Drei-Männer-Paradoxon:

Angenommen, eine Mathematikerin hat drei Verehrer. Sie heiratet einen davon. Kurz nach der Hochzeit stößt sie auf eine Studie, nach der im Schnitt nur einer von drei Männern ein guter Ehemann ist. Die Freundin der Mathematikerin hat einen der beiden verschmähten Verehrer geheiratet und erzählt der Mathematikerin, dass das eine Fehlentscheidung war, da dieser kein guter Ehemann sei. Darauf lässt sich die Mathematikerin kurzerhand scheiden und heiratet den dritten Verehrer.

Okay, das war nicht ganz ernst gemeint. Haben Sie eine bessere Anwendung?

ELFMETERSCHIESSEN IST UNFAIR!

Wenn ein Fußballspiel in der K.-o.-Runde eines Wettbewerbs auch nach 120 Minuten, also der regulären Spielzeit plus Verlängerung, noch nicht entschieden ist, kommt es zum Elfmeterschießen. Die FIFA-Regeln dafür besagen, dass der Münzwurf bestimmt, welcher Mannschaftskapitän entscheiden darf, ob seine Mannschaft zuerst schießt oder die andere. Dann wird abwechselnd geschossen, insgesamt je fünfmal. Ist immer noch nichts entschieden, wird in derselben Abfolge weitergemacht, bis ein Team nach beiderseits gleich vielen Elfmetern ein Tor mehr hat.

Ist das fair? Nein! Das liegt einfach an der Reihenfolge. Die Statistik zeigt, dass in 60 Prozent aller Fälle die Mannschaft gewinnt, die den ersten Elfmeter schießt. Der Vorteil der zuerst schießenden Mannschaft X gegenüber der Mannschaft Y besteht in jedem der fünf Paare von Schützen. Bei der FIFA-Schussreihenfolge

XY XY XY XY XY

schießt in jedem Paar zuerst Team X, trifft typischerweise (im statistischen Mittel in 75 Prozent der Fälle) und Team Y steht dann unter dem Druck auszugleichen. Dieser Druck und seine psychologische Auswirkung reduziert die Chancen des Y-Schützen im Schnitt um 4 Prozent je Runde, was sich über fünf Runden zu dem erwähnten Nachteil von 20 Prozent aufschaukelt: 60:40. Die Unfairness verstärkt sich also mit jedem Paar geschossener Elfmeter.

Dabei wäre leicht Abhilfe möglich.

Nach dem ersten Paar geschossener Elfmeter XY muss aus Fairnessgründen die Reihenfolge geändert werden: Es sollten also die ersten vier Elfmeter als XY YX ausgeführt werden.

Wie sollte es dann weitergehen?

Man könnte denken, es sei am fairsten, das nächste Paar von Schützen wieder in der Reihung XY antreten zu lassen. Das aber ist zu kurz gedacht.

Nicht einfach nur abwechseln oder beim Abwechseln abwechseln lautet die Devise. Sondern vielmehr beim Abwechseln des Abwechselns stets wieder abzuwechseln: das ist die Zauberformel.

Falls also die obige Abfolge XY YX noch einen statistischen Vorteil für ein Team enthalten sollte, dann wird dieser dadurch am besten neutralisiert, wenn die ganze bisherige Abfolge nun abermals, aber invers, ausgefügt wird: X wird darin durch Y ersetzt und Y durch X. So gelangt man zu

XY YX YX XY.

Mit diesen Überlegungen sind wir auf acht zu schießende Elfmeter gekommen. Etwas zu wenig. Also lassen wir abermals die durch Buchstabenumkehr invertierte gesamte bisherige Serie folgen. Insgesamt haben wir dann

XY YX YX XY YX XY XY YX.

Prüfen wir, ob entweder Team X oder Team Y durch diese Reihenfolge Vorteile erhält.

Das ist nicht der Fall: Nicht nur ist in jedem der insgesamt acht Paare jedes Team viermal zuerst am Zug, auch wird bei diesem Zuerst-am-Zug-Sein nicht einfach (und damit unfair) abgewechselt, sondern beim Abwechseln stets abgewechselt.

Natürlich könnte man die obige Folge bei zehn Elfmetern abbrechen, doch die volle Fairness wird besser mit acht Elfmetern je Team erreicht.

Das ist aus mathematischer Sicht die Fairnessfolge fürs Elfmeterschießen: acht Elfmeter von jedem Team nach obigem Rezept. Sie wurde auch schon von dem spanischen Wirtschaftswissenschaftler Ignacio Palacios-Huerta befürwortet.

Zu kompliziert? Ich denke, man kann sich leicht daran gewöhnen.

Mathematiker erkennen übrigens diese Folge, die sich mit dem genannten Prinzip ihrer Erzeugung leicht unendlich fortsetzen lässt, als die Thue-Morse-Folge. Sie ist nach den Mathematikern Axel Thue (1863–1922) und Marston Morse (1892–1977) benannt. Neben der Fibonacci-Folge ist sie eine der berühmtesten Folgen in der gesamten Mathematik. Sie ist deshalb so berühmt, weil sie an den unterschiedlichsten Stellen in den unterschiedlichsten Disziplinen bei den unterschiedlichsten Anwendungen – von Algebra bis Zahlentheorie, von Chaos über Musik bis zum Schach – immer wieder auftaucht.

Das liegt an ihren höchst bemerkenswerten Eigenschaften. Zum Beispiel ist sie selbstähnlich: Streicht man mit dem ersten Y beginnend in ihr jeden zweiten Buchstaben, so ist das, was übrig bleibt, exakt wieder die Thue-Morse-Folge selbst. Schon daraus wird ihre Eigenschaft des ultimativen Ausbalancierens deutlich.

Wir werden uns in Kürze mit einigen der faszinierenden Eigenschaften und Anwendungen dieser Folge beschäftigen.

MIT MATHE GEGEN DEN ZEITZONENKATER

Wir müssen unser Leben nach zwei Uhren richten: zum einen nach der inneren Uhr, nach der unsere Körperprozesse ablaufen. Sie beruht auf der von uns gefühlten Zeit und bestimmt zum Beispiel unser Schlaf-Wach-Verhalten. Die andere ergibt sich durch die Drehung der Erde um die Sonne und äußert sich in unterschiedlichen Ortszeiten und Zeitzonen rund um den Planeten. Passen beide nicht zusammen, herrscht Chaos im Körper. Mathe aber kann ihn wieder ins Lot bringen. Sind beide Uhren nicht synchronisiert, sprechen wir von einem «Jetlag». Der Zustand tritt häufig ein bei Schichtarbeitern, Menschen mit Schlafrhythmus-Störungen und – am bekanntesten – nach einer Reise über Zeitzonen hinweg. Eine Faustregel besagt, dass es im Schnitt einen Tag für jede Stunde Unterschied zwischen beiden Uhrzeiten dauert, bis der Zeitzonenkater überwunden ist.

Ein Team um den Mathematiker Daniel Forger von der Universität Michigan hat jetzt eine kostenlose Smartphone-App entwickelt, mit der Zeitgeplagte ihren Jetlag schneller wieder loswerden. Die Faktoren Licht und Dunkelheit und der Rhythmus, mit dem sie aufeinanderfolgen, sind hierfür entscheidend. Denn sind die Phasen optimal aufeinander abgestimmt, kann die innere Uhr gezielt verstellt werden, nach vorne oder nach hinten.

Entscheidend ist, wann der Körper relativ zum Zeitpunkt seiner geringsten Körperkerntemperatur (ungefähr zwischen 3 Uhr und 5 Uhr nachts auf der inneren Uhr) Licht ausgesetzt ist: Wirkt helles Licht sechs Stunden vorher ein, bewirkt es eine Zurückstellung der inneren Uhr. Wirkt helles Licht in den sechs Stunden danach ein, wird die innere Uhr nach vorne gestellt.

Die App benötigt für eine Reise die aktuelle Ortszeit am Ausgangsort und am Zielort und gibt dann für mehr als 1000 Reiserouten Informationen von folgendem Typ: Hat sich der Reisende beispielsweise über 12 Zeitzonen nach Osten bewegt und möchte um 7 Uhr seinen Tag dort beginnen, dann teilt die App mit, wann man sich am ersten Tag Licht aussetzen und wann im Dunkeln aufhalten sollte. Für die folgenden Tage ändert sich das Muster schrittweise. Im Falle eines Flugs über 12 Zeitzonen sollten dann nur etwa vier bis fünf Tage nötig sein, bis der Unterschied zur Ortszeit verschwindet, und nicht zwölf wie nach der Faustregel üblich.

Van-der-Pol-Oszillator als Modell für die innere Uhr

Forger und sein Team haben es sich mit der Mathematik des Jetlags nicht leicht gemacht. Sie arbeiten mit dem Van-der-Pol-Oszillator, einem schwingungsfähigen System, das die periodische Taktung der inneren Uhr gut mathematisch nachbilden kann, und mit experimentellen Daten über die Beeinflussung des Biorhythmus durch Licht- und Dunkelphasen.

Zur groben Orientierung seien einige Richtwerte angegeben:

Da für einen Flug nach Osten die innere Uhr nach vorne gestellt werden muss, sollte für eine Reise in diese Richtung über bis zu 9 Zeitzonen hinweg der Körper im Intervall von ungefähr 4 Uhr bis 10 Uhr gefühlter innerer Zeit Licht ausgesetzt werden und vorher von 22 Uhr bis 4 Uhr Licht vermieden werden. Geht die Reise über mehr als 9 Zeitzonen, sollte man sich im Intervall von 22 Uhr bis 4 Uhr gefühlter innerer Zeit dagegen Licht aussetzen und von 4 Uhr bis 10 Uhr Licht vermeiden. Die letztere Empfehlung gilt auch für Reisen nach Westen.

Am schwersten dürfte es dabei sein, sich länger im Dunkeln aufzuhalten, wenn man eigentlich hellwach ist. Und insofern läuft die Nutzung dieser Empfehlung sowie auch der App auf die Entscheidung hinaus, ob man für einen oder zwei Tage nach der Reise einen etwas unnatürlichen Hell-Dunkel-Rhythmus pflegen will oder sich doch dem klassischen Jetlag hingibt.

Viele Menschen haben ihr eigenes Rezept gegen den Zeitzonenkater. Ich bemühe mich am Ankunftsort, so gut und schnell es geht, in den dortigen Tagesablauf zu kommen, notfalls mit Kaffee zum Wachbleiben, aber ohne Zufuhr von Medikamenten. Wie machen Sie es?

SCHAFFT DAS ABWECHSELN AB FÜR MEHR GERECHTIGKEIT!

Abwechseln ist die fundamentalste Vorgehensweise, um Abläufe ausgewogen zu gestalten. Wenn zwei Akteure wiederholt etwas tun wollen, haben möchten oder auswählen sollen, was nicht beide gleichzeitig tun, haben oder wählen können, wechselt man sich meist ab. Das Prinzip ist eines der Archetypen für Fairness. Wer zuerst darauf kam, ist nicht überliefert und verliert sich im Dunkel der Urzeit.

Warum nicht einmal mithilfe der Mathematik an derart ehernen, bisher nicht infrage gestellten Grundpfeilern rütteln?

Denn Abwechseln ist meist unfair. Das Beispiel vom Elfmeterschießen hat bereits gezeigt, dass es weit gerechter wäre, die Thue-Morse-Folge anzuwenden. Die Spieler sollten sich nicht einfach nur abwechseln oder beim Abwechseln abwechseln, sondern vielmehr beim Abwechseln des Abwechselns stets wieder abwechseln. Das gilt für alle Lebenslagen.

Stellen Sie sich vor, dass zwei Personen, nennen wir sie kurz 0 und 1, mittels Abwechseln acht Kuchenstücke mit Gewichten 100 g, 200 g, 300 g, ..., 800 g unter sich aufteilen wollen. Über den ersten Zugriff entscheidet das Los. Sagen wir, 0 gewinnt. Dann geht es strikt hin und her: 01 01 01 01.

Nimmt jeder das noch verbleibende größte Stück, hat 0 schließlich 800 g + 600 g + 400 g + 200 g = 2000 g Kuchen und 1 nur 700 g + 500 g + 300 g + 100 g = 1600 g. Der Erstwähler konnte in jeder der vier Runden ein um 100 g schwereres Stück einheimsen als der Zweitwähler. Nicht fair.

Bei der Reihenfolge 01 10 10 01, was dem Anfangsstück der Thue-Morse-Folge entspricht, bekommen beide gleich viel.

Die Thue-Morse-Folge kann man erzeugen, indem man mit einer 0 beginnt und dann schrittweise, immer und immer wieder, jede 0 durch 01 und jede 1 durch 10 ersetzt. So entsteht nach und nach eine unendliche Folge:

0
01
01 10
01 10 10 01
01 10 10 01 10 01 01 10
...

Die Thue-Morse-Folge taucht in vielen verschiedenartigen Anwendungen auf und hat faszinierende Eigenschaften. Wie zum Beispiel Selbstähnlichkeit. Damit ist gemeint, dass sie in sich selbst übergeht, wenn ich – mit der ersten 1 beginnend – jede zweite Ziffer streiche.

Selbstähnlichkeit ist eine Eigenschaft der Fraktale. Das sind Objekte oder Strukturen, die aus verkleinerten Kopien ihrer selbst bestehen. Das sieht man besonders gut, wenn man die Thue-Morse-Folge bildlich darstellt: Die Ausgangssituation ist ein einziges Streckenstück. Nennen wir es K(0). Und für jede natürliche Zahl n entsteht die Figur K(n+1) aus K(n), indem in jedem Linienstück das mittlere Drittel durch zwei Schenkel eines nach oben gerichteten gleichseitigen Dreiecks ersetzt wird. Setzt man diese Vorgehensweise unendlich fort, entsteht die sogenannte Koch-Kurve.

Hier ist eine Bauanleitung fürs Making-of: die Linienzüge K(0), K(1), K(2), K(3) auf dem Weg zur Koch-Kurve:

Was hat das mit der Thue-Morse-Folge zu tun?

Ganz einfach: Man beginne mit einem kurzen Streckenstück und arbeite die Thue-Morse-Folge ziffernweise ab. Dabei biege man um 120 Grad nach links ab, wenn zwei aufeinanderfolgende Ziffern ungleich sind, und um 60 Grad nach rechts, wenn sie gleich sind. So erhält man die obigen Linienzüge K(n).

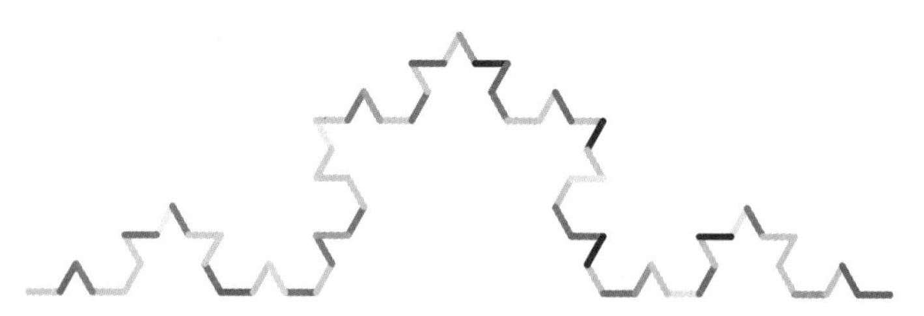

Vielleicht kein schlechtes Logo für die weltweite Promotion der Thue-Morse-Fairnessformel für Elfmeterschießen im Fußball, Tie-Break im Tennis und vieles andere.

Für Tie-Breaks wurde das sture Abwechseln übrigens schon teilweise abgelegt: Hier wird nach dem Muster 01 10 01 10 01 … aufgeschlagen, was zumindest ein Stück weit in Richtung Thue-Morse geht, aber nicht weit genug. Also: Abwechseln war gestern. Heute: Ausbalancieren mit Thue-Morse.

DIE MATHEMATISCHE THEORIE DES EHEGLÜCKS

Die ZEIT fragte einst auf ihrer Titelseite: «Ist Scheidung erblich?» Im dazugehörigen Artikel wird eine Studie erwähnt, laut der alleinerziehende Mütter doppelt so häufig aus Scheidungsfamilien kommen wie Mütter, die verheiratet sind oder in einer Partnerschaft leben. Die Scheidung einer Ehe führt also bei den Kindern zu einer beachtlichen Steigerung des Risikos, bei ihrer späteren Beziehung ebenfalls dieses Schicksal zu erleiden.

Beziehungen gehören mit zum Wichtigsten, was wir haben. Glückliche Beziehungen. Aber was ist eine glückliche Beziehung, und woran erkennt man sie? Und kann man Scheidungen vorhersagen? Ja, schon bei der Eheschließung!

Der Mathematiker James Murray und der Beziehungsforscher John Gottman haben Anfang der Neunzigerjahre begonnen, Ehen zu untersuchen. Sie begannen mit 700 Frischvermählten, die sie einem Beziehungsstresstest unterzogen: ein fünfzehnminütiges Gespräch über Themen, die zwischen den Ehepartnern möglicherweise heikel waren, wie Schwiegereltern, Geld, Sex, Kinderwunsch.

Die Gespräche wurden aufgezeichnet. In der späteren Analyse wurde jeder Satz auf einer Skala von minus 5 bis plus 5 bewertet. Und zwar dahingehend, ob er Negatives ausdrückte, wie Verachtung (–5 Punkte), oder Positives, wie liebevolle Zuneigung (+5 Punkte), oder etwas zwischen diesen Extremen.

Zusätzlich wurden physiologische Daten wie der Blutdruck, die Pulsfrequenz oder Schweißproduktion aufgezeichnet sowie die Körpersprache bewertet, speziell Mimik und Gestik. So ergab sich ein sehr reichhaltiger Datensatz.

Die Daten wurden von den Wissenschaftlern in zwei Differenzialgleichungen verdichtet. Diese Gleichungen der Ehestabilität ähneln interessanterweise den Gleichungen der mathematischen Katastrophentheorie, mit denen Mathematiker sprunghaft auftretende Systemänderungen wie epileptische Anfälle, Börsencrashs und Erdbeben untersuchen.

Aus der Kombination von Gleichungen und Daten konnten Prognosen über die Stabilität einer Ehe erstellt werden. Und diese Prognosen ließen sich wiederum an der Realität überprüfen, denn die Forscher blieben im Kontakt mit den Paaren, meldeten sich etwa einmal im Jahr.

Die Ergebnisse sind hochinteressant. 91 Prozent der Ehen, denen die Wissenschaftler in ihrer Prognose keine Chance gegeben hatten, wurden tatsächlich geschieden. Der Indikator für Eheglück oder -unglück war sogar durch ein einfaches Verhältnis darstellbar, 5 : 1.

Etwas skizzenhaft ausgedrückt: Murray und Gottman haben die positiven und negativen kommunikativen Elemente ins Verhältnis gesetzt. Eine Ehe, in der die Partner nach einem negativen Gesprächsbaustein im Schnitt weniger als fünfmal mit positiven Gesprächselementen aufeinander reagierten, hatte langfristig kaum Hoffnung auf Erfolg. Wenn der Quotient eines Paares wesentlich kleiner war, trennte es sich im Schnitt nach etwa fünf Jahren. Und wie gesagt, die Forscher hatten in 91 von 100 Fällen recht.

Die mathematische Theorie des Eheglücks ist dabei nicht rein beschreibend. Mit ihr lassen sich Probleme identifizieren und, falls es den Partnern gelingt gegenzusteuern, Beziehungen retten. Murray und Gottman haben vier Megakiller für Beziehungen aus ihren Beobachtungsdaten herausgearbeitet: Schuldzuweisungen, geringschätzige Bemerkungen, sich selbst als Opfer darstellen, emotionales Abschotten gegenüber dem anderen.

Garanten für eine stabile Partnerschaft seien dagegen: gegenseitiger Respekt, wechselseitiges Vertrauen, miteinander lachen, Aufgeschlossenheit. Die Liebe ist dagegen kein gutes Kriterium, um Ehestabilität zu gewährleisten. Und noch etwas: Auch in glücklichen Ehen werde durchaus gestritten. In glücklichen Ehen spiegle jeder ein Stück weit die Emotionen des anderen wider, selbst heftiges beidseitiges Streiten ist also punktuell nicht problematisch. Lacht der eine aber typischerweise, wenn der andere auf 180 ist, gilt das als sicheres Krisensignal.

Mein abschließender Tipp im Falle eines Streits: Versuchen Sie das obige 5 : 1-Verhältnis zu beherzigen.

JEDEN MONAT PASSIERT EIN WUNDER

Ende April 2014 wurden im Vatikan zwei frühere Päpste heiliggesprochen. Eine der Voraussetzungen für eine Heiligsprechung ist es, mindestens zwei Wunder vollbracht zu haben. Die Theologen des Vatikans erkennen als Wunder medizinisch nicht erklärbare Heilungen von Schwerkranken an.

Beim Stichwort «Wunderheilung» denken die meisten an Lourdes. In diesem französischen Pilgerort fanden bis heute 69 kirchlich anerkannte und angeblich medizinisch überprüfte Wunder statt, davon vier spontane Heilungen von schweren Krebserkrankungen. Aber was lässt sich aus statistischer Perspektive dazu sagen?

In der Medizin gibt es das inzwischen seriös erforschte Phänomen der Spontanremission im Falle schwerer Krebserkrankungen. Hierbei bilden sich Metastasen und Tumore plötzlich selbständig zurück, was in etwa bei einem von 100 000 bis 1 000 000 Fällen auftritt. Das ist extrem selten.

Doch muss bedacht werden, dass jedes Jahr rund fünf Millionen Pilger Lourdes besuchen. Rechnen wir konservativ, dass sich darunter fünf Prozent Krebskranke befinden, dann müsste, wiederum konservativ gerechnet, im Schnitt alle vier Jahre eine solche Spontanheilung bei Krebs aufgrund eines Besuches in Lourdes zu verzeichnen sein.

Doch in der 150-jährigen Geschichte des Wallfahrtsortes gab es davon nur vier, die offenbar einer medizinischen Prüfung standhielten.

Diese und ähnliche vergleichende Untersuchungen veranlassten den US-amerikanischen Astronomen, Skeptiker und Wissenschaftspublizisten Carl Sagan Mitte der neunziger Jahre in seinem Buch *Der Drache in meiner Garage* zu der Schlussfolgerung, die Heilungschancen in Lourdes lägen signifikant unter der statistisch erwartbaren Rate von Spontanheilungen.

Wunder gibt es immer wieder

Definieren wir den Begriff des Wunders einmal ganz unesoterisch und pragmatisch so, wie es der Mathematiker John Littlewood tat: als ein (nicht nur medizinisches, sondern) beliebiges Ereignis, das eine Wahrscheinlichkeit des Eintretens von weniger als 1 : 1 Million hat.

Zum Beispiel: Sie machen eine weite Reise und treffen in der Ferne zufällig einen alten Bekannten wieder. Oder Sie träumen nachts von einem Unfall und der passiert am nächsten Tag wirklich. Oder Sie schauen alte Fotoalben an, erkennen darauf einen seit Jahrzehnten nicht gesehenen Kindheitsfreund, dann klingelt das Telefon, und wer ist dran? Hach, bloß die Schwiegermutter!

Interessant wird's aber, wenn wirklich der Freund am Hörer ist. Dann haben viele ein komisches Gefühl, denken an Gedankenübertragung oder höhere Mächte, die einem was sagen wollen. Dabei ist alles ganz normal. Warum?

Jeden Tag erleben wir zig verschiedene Sachen, denken an hundert Dinge: Im Schnitt passiert jede Sekunde etwas. Im Wachzustand, also etwa 15 Stunden am Tag, sind das $60 \times 60 \times 15$, also rund 50 000 Erlebnisse. Auf den Monat hochgerechnet, ergibt das mehr als eine Million Einzelerlebnisse. Das allermeiste davon ist uninteressant und wird vergessen. Aber immer mal wieder gibt es ein zufälliges Zusammentreffen, das stutzig macht.

In einer extrem großen Stichprobe können die aberwitzigsten Zufälligkeiten auftreten. Nehmen wir abermals ein Ereignis, das eine Wahrscheinlichkeit von 1 : 1 Millionen hat, ein Wunder also. Dann errechnet sich die Wahrscheinlichkeit, dass dieses sehr unwahrscheinliche Ereignis, sagen wir, bei einer Million Ausfällen nie eintritt als (1–1/1 Million) hoch 1 Million. Das ist 0,368 und gleicht damit recht genau dem Kehrwert der Euler'schen Zahl 2,718.

Das Gesetz der Wunder

Also ist es wahrscheinlicher, dass dieses extrem unwahrscheinliche Ereignis irgendwann in der langen Serie von Ausfällen eintritt. Das heißt: Ein Ereignis kann extrem unwahrscheinlich sein. Doch dass das extrem wahrscheinliche Gegenereignis immer eintritt, ist noch unwahrscheinlicher.

John Littlewood formulierte in seinem Buch *A Mathematician's Miscellany* sein Gesetz der Wunder *(Littlewood's law of miracles)*: Bei mehr als einer Million Ereignissen in einem normalen Monat kann jeder Ottonormalbürger (m/w) im Schnitt mit einem Wunder pro Monat rechnen.

Haben Sie letzten Monat Ihr Wunder erlebt? Ich hoffe, es war kein blaues!

MACH WAS GEGEN HÄSSLICH!

Kürzlich las ich ein Werbeplakat mit der Aufschrift «Mach was gegen hässlich». Das kann natürlich jeder nur in seinem Bereich tun. Und da mein Bereich eben nun mal größtenteils die Mathematik ist, versuche ich etwas gegen hässliche Mathematik zu tun.

Verschönern wir also die Mathematik. Die von vielen als emotional karg empfundene Disziplin könnte in neuer Darreichungsform möglicherweise ihre Fangemeinde erheblich vergrößern. Einen Versuch ist es jedenfalls wert.

Ich werde, was ich meine, an einem Beispiel verdeutlichen: Nehmen wir uns eines der grundlegendsten logischen

Denkgesetze vor, den Umkehrschluss. Das ist der logische Schluss von «Aus P folgt Q» auf «Aus nicht Q folgt nicht P». Also zum Beispiel: «Wenn heute Donnerstag ist, dann ist morgen Freitag» impliziert «Wenn morgen nicht Freitag ist, dann ist heute nicht Donnerstag».

Mathematiker machen daraus die zwar kompakte, aber unter ästhetischen Gesichtspunkten keinen Lustgewinn liefernde Formel:

$P => Q => \neg Q => \neg P$

Ich kann dieses Denkgesetz natürlich auch auf Zitate, Sprüche und Sprichwörter anwenden: «Wenn einer eine Reise tut, dann kann er was erzählen», sagte schon Matthias Claudius 1786 in *Urians Reise um die Welt*. Oder mit dem Umkehrschluss zwar logisch äquivalent, aber weniger poetisch: «Wenn einer nichts zu erzählen hat, dann ist er nicht gereist.»

Der Vorteil der Mathematik besteht darin, dass ihre Wahrheiten trotz Änderung der Bezeichnungsweisen erhalten bleiben. Nichts hindert also, den mathematischen Formalismus visuell aufzumöbeln.

In der mathematischen Logik spielen die Operationen Negation («nicht»), Konjunktion («und»), Disjunktion («oder»), Implikation («wenn, dann»), Äquivalenz («dann und nur dann») eine wichtige Rolle. Warum also nicht dafür einige hübsche Piktogramme einführen, entsprechend obiger Reihenfolge

Und als Trennungszeichen nehmen wir:

Ferner benötigen wir noch Symbole, die Aussagen darstellen:

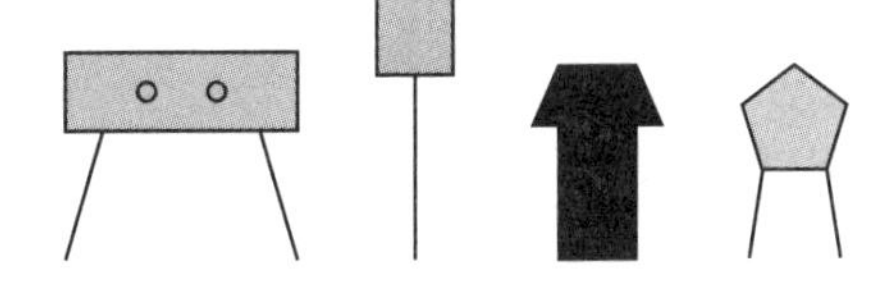

Und flugs wird aus der obigen kargen Mitteilung des Umkehrschlusses ein visuell erstklassiges Statement:

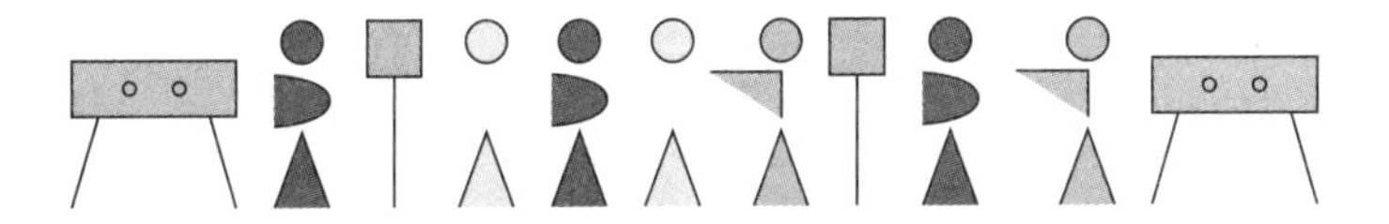

Das Bild ist unverändert randvoll mit Wahrheitsgehalt, hat aber darstellungsästhetisch mindestens so viel dynamischen Sex-Appeal wie ein Schwingdeckelmülleimer. Versuch gescheitert! Oder?

GOTT WÜRFELT BEIM FUSSBALL

«Gott würfelt nicht», sagte Albert Einstein einst. Den Fußballgott aber kann er damit nicht gemeint haben. Wie in jedem anderen Sport kommt es im Fußball zwar auf das Können an. Aber nicht nur. Auch der Zufall spielt eine erhebliche Rolle. Datenanalysen zeigen sogar, dass der Zufallsanteil im Fußball besonders groß ist.

Der Sportwissenschaftler Martin Lames hat Tausende Bundesligatore analysiert und die Häufigkeit von Zufallstoren ermittelt. Das sind solche, die unter starker Beteiligung des Faktors Glück zustande kamen. Etwa:

- Der Schuss wurde für den Torwart unhaltbar abgefälscht.
- Der Ball sprang von Pfosten oder Latte ins Tor.
- Der Torschütze erhielt den Ball als Abpraller.
- Der Schuss aufs Tor kam aus großer Entfernung.
- Der Torwart hatte noch eine starke Berührung mit dem Ball.
- Der Torschütze hat den Ball vom Gegner bekommen.

Nach dieser Definition sind im langjährigen Schnitt rund 40 Prozent aller Tore Zufallstore.

Der Zufall ist eine schwer zu fassende Größe. Doch Mathematiker haben auch für den Zufall eine Theorie entwickelt: die Wahrscheinlichkeitstheorie. In mehr als drei Jahrhunderten haben sie viele mathematische Eigenschaften des Zufalls herausgearbeitet.

Der Zufall gehorcht Gesetzen

Denn der Zufall ist nicht regellos. Auch er gehorcht Gesetzen. Selbst der Zufall im Fußball. Da benimmt er sich sogar besonders erstaunlich, weil er dort eine Struktur hat, die uns aus anderen Settings bekannt ist.

Bleiben wir einmal bei den Toren. Teilt man die gesamte

Spielzeit in sehr viele kleine Zeitfenster ein, dann gilt annähernd Folgendes:

- Tore fallen relativ selten. In den allermeisten Zeitfenstern gibt es gar kein Tor und in den anderen höchstens eines.
- Die Wahrscheinlichkeit für ein Tor in einem Zeitintervall ist proportional zur Länge des Intervalls.
- Ob in einem Zeitfenster ein Tor fällt, wird nicht davon beeinflusst, ob in anderen Zeitfenstern Tore fallen oder nicht.

Faszinierend ist nun, dass diese drei Eigenschaften allein zu einer ganz bestimmten Art von strukturiertem Zufall führen: Tore fallen gemäß dem Poisson-Prozess, was schon M. J. Moroney 1951 in seinem Werk *Facts from Figures* beschrieben hat.

Ein ähnlicher Typ von Zufall findet sich in vielen Situationen. Nämlich immer dort, wo die obigen drei Eigenschaften ungefähr erfüllt sind: etwa bei den Verkehrsunfällen in einer Stadt, den Blitzeinschlägen in einem Waldgebiet, den Geburten, Todesfällen, Eheschließungen, Scheidungen, Selbstmorden in einer Region.

Sowie auch beim Zerfall radioaktiver Atome: Mannschaften generieren Tore nach demselben statistischen Muster, wie Atome Strahlung emittieren. Ganz ähnlich wie beim radioaktiven Zerfall kann ich mit der Poisson-Verteilung so einiges über Tore ausrechnen: Die Wahrscheinlichkeit für k Tore einer Mannschaft in einem Spiel ist e hoch (–m) multipliziert mit m hoch k durch k!

In dieser Formel ist e=2,718 … die Euler'sche Konstante, k! eine Kurzschreibweise für k×(k–1)×(k–2)×…×3×2×1, und m ist die mittlere Zahl von Toren der Mannschaft pro Spiel.

In der deutschen Bundesliga erzielt die Heimmannschaft im Schnitt 1,63 Tore, die Gastmannschaft 1,25 Tore (Werte der Spielzeiten 2008/09 bis 2012/13).

Die Poisson-Wahrscheinlichkeiten für 0, 1, 2, 3, 4, 5 Tore des Heimteams sind damit: 19,59 Prozent, 31,94 Prozent, 26,03 Prozent, 14,14 Prozent, 5,76 Prozent, 1,88 Prozent. Für das Auswärtsteam entsprechend: 28,65 Prozent, 35,81 Prozent, 22,38 Prozent, 9,33 Prozent, 2,91 Prozent, 0,73 Prozent.

Damit lässt sich die Wahrscheinlichkeit für ein konkretes Spielergebnis angeben, etwa für 1:1. Sie beträgt $0{,}3194 \times 0{,}3581 = 0{,}1144 = 11{,}44$ Prozent.

Das ist übrigens das Spielergebnis mit der höchsten errechneten Wahrscheinlichkeit. Die tatsächliche Häufigkeit während der vier Spielzeiten, auf die sich diese Analyse bezieht, betrug 11,60 Prozent. Wow!

Hier ist eine Gegenüberstellung der fünf häufigsten Spielergebnisse:

Ergebnis	tatsächliche Häufigkeit (%)	Poisson-Wahrscheinlichkeit (%)
1:1	11,6	11,4
2:1	9,0	9,3
1:0	8,3	9,2
2:0	7,4	7,5
1:2	7,0	7,1
Ferner sind die Prozentwerte für die drei möglichen Ausgänge		
Heimsieg	45,1	46,3
Unentschieden	24,7	24,4
Auswärtssieg	30,2	29,4

Das ist eine frappierende Übereinstimmung zwischen mathematischem Modell und Realität. Wir haben den Fußballgott durchschaut!

QUALEN BEI WAHLEN

Jeden Tag wird auf der Welt wohl hunderttausendfach gewählt, über die Zukunft des Klassensprechers oder Staatspräsidenten entscheiden Handzeichen und Stimmzettel. Was könnte gerechter sein?

Eine Wahl soll einen fairen Interessenausgleich in Gruppen mit unterschiedlichen Präferenzen gewährleisten. Doch es gibt zahlreiche Seltsamkeiten. Ein Beispiel: die Mehr-Stimmen-bekommen-ist-besser-Falle. Nehmen wir folgendes Szenario: Drei Kandidaten A, B, C stehen zur Wahl. Das Wahlvolk besteht aus 15 Wählern. Davon favorisieren drei die Alternative A gegenüber B und B gegenüber C. Wir schreiben diese Rangfolge als ABC. Sie tritt in der folgenden selbsterklärenden Tabelle als erste Zeile auf, darunter die Präferenzreihungen der übrigen Wähler:

Zahl der Wähler	Präferenzordnung
3	ABC
5	BCA
2	CAB
5	CBA

Das Wahlsystem ist zweirundig; «Mehrheitsentscheid mit Stichwahl» heißt es im Fachjargon. Das Verfahren wird in Frankreich bei der Wahl des Staatspräsidenten eingesetzt und in vielen deutschen Bundesländern für die Wahl des Bürgermeisters.

Jeder Wähler stimmt für einen Kandidaten. Wer in der ersten Runde die wenigsten Stimmen bekommt, scheidet aus. Anschließend entscheidet eine Stichwahl zwischen den verbleibenden Kandidaten. In der ersten Runde erhalten A, B, C jeweils 3 beziehungsweise 5 beziehungsweise $2+5=7$ Stimmen. A scheidet demnach aus. Die Wähler mit der Präferenzreihung ABC werden bei der Stichwahl für B votieren, der nach dem Ausscheiden von A der Nächste in ihrer Präferenzliste ist. In diesem zweiten Wahlgang erhalten B und C dann 3+5=8 beziehungsweise 2+5=7 Stimmen. B gewinnt.

Es ist naheliegend zu denken, dass sich Kandidat A über zusätzliche Unterstützung freuen würde. Über einen «Zwilling» mit derselben Reihung für jeden seiner Wähler mit Präferenzen ABC. Das würde der gemeinsamen Position ein stärkeres Gewicht geben.

Wirklich? Nicht unbedingt! Stellen wir jedem der drei Wähler mit Präferenzordnung ABC einen Zwilling an die Seite. Dann gibt es statt 15 nun 18 Wähler und die Tabelle sieht so aus:

Zahl der Wähler	Präferenzordnung
6	ABC
5	BCA
2	CAB
5	CBA

Was wird passieren? Im ersten Wahlgang erhalten A, B, C jetzt 6 beziehungsweise 5 beziehungsweise 2+5=7 Stimmen. B scheidet aus. Die Stichwahl zwischen A und C ergibt für A 6 Stimmen und für C 12 Stimmen. C ist Wahlsieger.

Ergo hat A aufgrund der zusätzlichen drei Zwillinge, die ihn alle auf Platz 1 haben (und C als schlechtesten Kandidaten ansehen), seine Unterstützung verdoppelt. Doch die Unterstützung bewirkt ausgerechnet die Wahl von Kandidat C, den alle A-Wähler als schlechteste Wahl ansehen. Das ist das Zwillingsparadoxon in der Theorie der Wahlsysteme. Zusätzliche Unterstützung für den eigenen Favoriten kann also dem unliebsamsten Gegner erst zum Wahlsieg verhelfen.

Das ist nur eines von einem ganzen Strauß von Paradoxien in Wahlsystemen. Ab und an werde ich auf das Thema Wahlen zurückkommen. Ich bin mir sicher, Sie werden dann über Wahlen und Wahlsysteme nie wieder so denken wie davor. Sie werden womöglich bezweifeln, dass Demokratie im Idealzustand überhaupt möglich ist.

EIN MATHEMATIKER HAT DEN ZWEITEN WELTKRIEG ENTSCHIEDEN

Auch als Mathematiker kann man etwas über den Zweiten Weltkrieg sagen. Das soll erst am Ende dieses Beitrags geschehen. Den Einstieg bildet etwas völlig anderes, was mit Weltkrieg zunächst einmal nicht das Geringste zu tun hat: das Wichteln.

Sie wissen schon: Eine Gruppe von Menschen tauscht Geschenke nach dem Zufallsprinzip aus. Jeder steuert etwas bei, anschließend werden die Mitbringsel per Los zugeteilt. Unschön ist es natürlich, wenn jemand sein mitgebrachtes Geschenk selbst wieder zugelost bekommt. Aber wie oft passieren solche Selbstbewichtelungen eigentlich?

Überraschend oft das eigene Geschenk

Betrachten wir eine Familie aus Vater, Mutter und den Kindern Hanna und Felix. Jeder der vier kann das vom Vater beigesteuerte Geschenk zugelost bekommen. Ist das vergeben, gibt es noch drei Möglichkeiten für die Zuteilung des Geschenks der Mutter, zwei für Hannas Geschenk und eine für Felix', also $4 \times 3 \times 2 \times 1 = 24$ verschiedene Zufallszuordnungen der Geschenke.

Bei wie vielen dieser Zuordnungen erhält keiner sein eigenes Geschenk zurück? Berechnen wir die Anzahl:

Nehmen wir an, Vaters Geschenk geht an die Mutter. Dann gibt es zwei Möglichkeiten: Wenn die Mutter umgekehrt den Vater bewichtelt, dann müssen die beiden Kinder sich ebenfalls wechselweise bewichteln. Dafür gibt es nur eine Möglichkeit. Oder die Mutter bewichtelt den Vater nicht. Dann müssen wir die Aufteilungen betrachten, in denen die Mutter nicht den Vater und keines der beiden Kinder sich selbst bewichtelt. Dafür gibt es zwei Möglichkeiten, je nachdem, welches Kind von der Mutter bewichtelt wird. Insgesamt sind das drei Möglichkeiten.

Falls der Vater nicht die Mutter bewichtelt, sondern eines der Kinder, erhalten wir mit demselben Argument jeweils dieselbe Anzahl. Also gibt es genau neun Zuordnungen *ohne* Selbstbewichtelungen. Der Anteil ist demnach 9/24, also etwa 1/3.

Rechnerisch interessant ist, dass sich ungefähr derselbe Wert von 1/3 für jede Anzahl von Personen ergibt, selbst wenn 1000 Menschen mitwichteln. Eine noch bessere Approximation ist der Kehrwert der Euler'schen Zahl $e=2,718\ldots$.

In der überwiegenden Mehrheit der Fälle kommt es also zu Selbstbewichtelungen. Was für eine Bedeutung hat diese Tatsache?

Keine selbstbewichtelnde Codierung

Nun, sie hat dem Zweiten Weltkrieg eine andere Wendung gegeben. Im Ernst.

Die Deutsche Wehrmacht setzte damals die Verschlüsselungsmaschine *Enigma* zur Übermittlung geheimer Botschaften wie Angriffsziele, Truppenstärken und Gefechtsaufstellungen ein. Um Nachrichten zu chiffrieren, werden die Buchstaben des Alphabets verwürfelt. Dank einer Umkehrwalze musste der Strom in der *Enigma* den Walzensatz in umgekehrter Richtung erneut durchlaufen. Das führte dazu, dass nie ein Buchstabe durch sich selbst verschlüsselt werden konnte, weil der Strom nicht denselben Weg zurücknehmen kann, auf dem er hineingewandert ist. Sozusagen: keine Selbstbewichtelung in der Verschlüsselung.

Damit waren – wie oben gesehen – die Verschlüsselungsmöglichkeiten der Enigma drastisch eingeschränkt. Letztlich schaffte es der britische Mathematiker Alan Turing durch geniale Überlegungen, ihre Codes zu knacken. Das vermittelte den Alliierten ein nahezu vollständiges Wissen über den deutschen Nachrichtenverkehr auf allen Ebenen. Der Oberbefehlshaber ihrer Streitkräfte und spätere US-Präsident Dwight D. Eisenhower bezeichnete die Entschlüsselung der Enigma als «entscheidend» für den Sieg.

Man kann also sagen: Der Mathematiker Alan Turing hat den Zweiten Weltkrieg entschieden.

MATHEMATIK SCHLÄGT SPIONAGE IM ZWEITEN WELTKRIEG

Bevor wir nochmals auf den Zweiten Weltkrieg zu sprechen kommen, beginnen wir wieder ganz unmartialisch. Angenommen, Sie sind auf Dienstreise in einer großen Stadt. Sie stehen an einer Straßenecke und versuchen ein Taxi zu kriegen. Immer mal wieder fährt ein Taxi mit Fahrgästen vorbei, insgesamt sechs Taxis. Die Taxis in der Stadt sind nummeriert und die vorbeifahrenden trugen die Nummern 696, 119, 864, 296, 548, 431. Wie viele Taxis gibt es wohl in dieser Stadt?

Das ist keine Scherzfrage. Die Anzahl lässt sich anhand der vorhandenen Indizien seriös schätzen. Dazu müssen wir ein mathematisches Modell entwickeln und einige Annahmen treffen: Gehen wir also davon aus, die in der Stadt operierenden Taxis seien von *1, 2, 3* bis *N* durchnummeriert. Der Wert *N* ist dann die Anzahl der Taxis, die es insgesamt in der Stadt gibt. Diesen Wert wollen wir schätzen.

Zweitens nehmen wir an, dass die beobachteten Zahlen eine Zufallsauswahl aus allen Taxi-Nummern von *1* bis *N* darstellen. Das bedeutet: Jedes Taxi mit einer der Nummern von *1* bis *N* hatte dieselbe Wahrscheinlichkeit, bei Ihnen an der Straßenecke vorbeizukommen.

Diese Annahmen vorausgesetzt, kann *N* wie folgt geschätzt werden: Wir nehmen einfach die größte der beobachteten Zahlen, also 864, teilen durch die Anzahl 6 der beobachteten Zahlen und multiplizieren mit 7. Das ergibt $(864/6)\times 7=1008$. Und zwar deshalb: Wenn man den größten Wert $Max=864$ in der Stichprobe durch den Stichprobenumfang n teilt, ergibt das den mittleren Zwischenraum zwischen den Zahlen in der Stichprobe. Wird anschließend mit $n+1$ multipliziert, kann man im Schnitt erwarten, das unbekannte *N* zu treffen, da es ja von der Zahl *1* über die Werte in der Stichprobe bis zum unbekannten *N* genau einen Zwischenraum mehr gibt als den Stichprobenumfang n. Damit haben wir eine erste vernünftige Schätzung, wie groß *N* sein könnte.

Fraglos eine schöne Idee. Es gibt aber noch andere Möglichkeiten. Zum Beispiel kann man auch die unbekannte Lücke zwischen der größten Beobachtung *Max* und dem Wert *N* schätzen. Im Schnitt wird diese *unbekannte* Lücke zwischen *Max* und dem rechten Rand *N* des Zahlbereichs aus Symmetriegründen so groß sein wie die *bekannte* Lücke am anderen Rand, also zwischen dem kleinsten Stichprobenwert *Min* und der kleinstmöglichen Taxi-Nummer *1*.

Diese Lücke links von *Min* hat die Länge $Min-1$. Und diese Länge werden wir als Schätzung für die Lücke rechts von *Max* verwenden und einfach zu *Max* hinzuaddieren: $864+119-1=982$. Bei dieser Methode kommen also etwas weniger Taxis heraus. Aber auch das ist ein guter, seriös ermittelter Wert.

Ein Stück weiterspinnen kann man diese Überlegung dadurch, dass nicht nur die Lücke links vom Minimum benutzt wird, um die Lücke rechts vom Maximum zu schätzen, sondern *alle* Lücken zwischen *allen* Stichprobenwerten. Sie alle haben nämlich, statistisch gesehen, dieselbe durchschnittliche Länge, um die sie jeweils streuen. Dieser Ansatz führt im Wesentlichen wieder auf den ersten Wert, den wir geschätzt hatten.

Mathematiker wären nicht Mathematiker, wenn sie nicht mit einer ausgeklügelten Theorie eine noch bessere, ja optimale Methode entwickelt hätten. Dabei bedeutet *optimal* zunächst einmal, dass die Schätzformel im Schnitt die Größe N richtig ermittelt, also langfristig bei vielen Einsätzen die unbekannte Größe weder überschätzt noch unterschätzt. Sie sollte also tendenzfrei sein. Man kann das etwa mit dem Wiegen eines Schnitzels durch einen Metzger vergleichen. Wenn die Waage richtig kalibriert ist, wird sie das Gewicht des Schnitzels nicht häufiger zu hoch als zu niedrig angeben. Wenn aber der Metzger beim Wiegen zum Beispiel immer auch seinen Daumen mit auf die Waage legt, wird das angegebene Gewicht tendenziös überschätzt.

Eine richtig gute Formel sollte darüber hinaus so wenig wie möglich um die unbekannte Größe streuen: Sprich, die bestmögliche Formel spuckt Werte aus, die bei wiederholter Durchführung die kleinste Varianz um N aufweisen.

Wie das dann in unserem Taxi-Setting aussieht, darauf wären Sie vielleicht nicht so ohne Weiteres gekommen. Man muss viel Theorie auffahren, um so eine Formel zu erhalten: Es ist ein Bruch, wobei im Zähler *Max hoch (n+1) minus (Max–1) hoch (n+1)* steht und im Nenner derselbe Ausdruck, außer dass der Exponent jeweils nicht *(n+1)*, sondern *n* ist.

Wenn man das mit *Max=864* anwendet, erhält man bei *n*=6 den Schätzwert 1007.

Die obigen sechs Taxi-Nummern wurden übrigens per Zufallsgenerator aus der Menge der Zahlen von *1* bis *N=1000* erzeugt. Insofern sind unsere Schätzwerte sehr gut.

Das Ganze ist nicht nur eine nette Spielerei, sondern hat eine reale Anwendung beziehungsweise Vorgeschichte. Jetzt kommen wir nämlich zum Zweiten Weltkrieg. Damals haben die Alliierten große Anstrengungen unternommen, das Volumen der Kriegsmaschinerie der deutschen Wehrmacht in Erfahrung zu bringen. Unter anderem versuchten sie herauszufinden, wie viele Panzer von der deutschen Kriegsindustrie hergestellt worden waren. Dazu dienten den Verbündeten einerseits Informationen, die durch Spionage geliefert worden waren, und andererseits die Seriennummern der während des Krieges von ihren Streitkräften zerstörten Panzer.

Aufgrund dieser Stichproben konnten Mathematiker mit den datenanalytischen Schätzmethoden, die ich oben skizziert habe, das Gesamtvolumen der Panzerproduktion pro Monat abschätzen. Das gab den alliierten Befehlshabern wertvolle Hinweise für die Planung der eigenen Produktion und der zu führenden Kampfeinsätze.

Nach dem Krieg konnten aufgrund von Dokumenten über Produktionszahlen, die inzwischen entdeckt worden waren, die mathematischen Schätzungen mit den Informationen der Spione verglichen werden. Und siehe da: Die Mathematiker lagen dichter an der Wahrheit, wie die folgende Tabelle zeigt:

Monat	Tatsächlich produzierte Panzer	Schätzungen der alliierten Mathematiker	Schätzungen durch Spionage
Juni 1940	122	169	1000
Juni 1941	271	244	1550
Sept.1942	342	327	1550

Tabelle nach Ruggles, R. & Brodie, H. (1947): *An Empirical Approach to Economic Intelligence in World War II.* JASA, 42, 72–91.

HAT JESUS SICH VERZÄHLT?

Pfingsten ist das dritthöchste Fest der Christenheit (nach Ostern und Weihnachten). Laut Neuem Testament fuhr der Heilige Geist am 50. Tag nach Ostern auf die Apostel herab. Das Wort Pfingsten leitet sich aus dem Griechischen *pentekoste* ab und bedeutet einfach «50». Gefeiert wird Pfingsten aber nicht 50 Tage, sondern genau 49 Tage nach Ostersonntag.

Hat sich hier jemand verzählt?

Nein.

Mathematisch betrachtet ist Zählen eine der simpelsten arithmetischen Tätigkeiten überhaupt. Es ist nichts weiter als die beständige Addition von plus eins. Daran gibt es eigentlich nichts, was irritieren sollte. Doch das stimmt nicht ganz.

Zur Zeit der Bibel wurde anders gezählt. Für unser modernes Zählen braucht man nämlich die Null. Die gab es aber damals noch nicht. Nach Europa zum Beispiel kam sie erst im 13. Jahrhundert.

Vor der Null wurden zeitliche und räumliche Abläufe mit der sogenannten Inklusivzählung abgezählt. Demnach war von heute bis heute ein Tag, von heute bis morgen waren es schon zwei Tage, von heute bis übermorgen drei Tage und so weiter.

Das ist unter Historikern bekannt und hat dennoch schon für so manche Verwirrung gesorgt: Im Jahr 46 v. Chr. hat Julius Caesar den Kalender reformiert. Er hatte bestimmt, dass jedes vierte Jahr ein Schalttag eingefügt werden sollte. Ein Schaltjahr war 45 v. Chr. Im folgenden Jahr wurde Caesar ermordet. Dank eines Interpretationsfehlers fasste die Priesterschaft, die damals für Kalenderangelegenheiten zuständig war, Caesars Schaltregel aber gemäß der Inklusivzählung auf. So gab es in den folgenden Jahrzehnten ein Schaltjahr nach unserer heutigen Zählung schon jedes dritte Jahr, und zwar 42 v. Chr., 39 v. Chr. usw. bis 9 v. Chr. Danach setze Kaiser Augustus die Schaltregel bis zum nächsten Schaltjahr 8 n. Chr. aus, um die Verschiebung des Kalenders gegenüber dem astronomischen Umlauf der Erde um die Sonne zu beseitigen. Das brachte ihm einen prominenten Platz in unserem Kalender ein: Der achte Monat ist nach ihm benannt.

Die Inklusivzählung ist jetzt veraltet, doch auch in unserem modernen Leben finden sich noch Spuren von dieser Zählweise, etwa in der Formulierung «in acht Tagen» womit eigentlich «in einer Woche» gemeint ist, also «in sieben Tagen». Auch in anderen Sprachen tritt dieses Phänomen auf. Das Französische *quinze jours* für «zwei Wochen» bedeutet wörtlich übersetzt «fünfzehn Tage». Und die Griechen bezeichnen die Olympiade, also das genau vierjährige Intervall zwischen den Olympischen Spielen, mit *pentaeteris* (Fünfjahreszeitraum).

Auch in der Musik kommt die Inklusivzählung vor, etwa wenn musikalische Intervalle bezeichnet werden sollen. Bei der Prime wird einfach derselbe Ton wiederholt. Und «Intervall» kommt vom lateinischen *intervallum*, was so viel bedeutet wie «Zwischenraum». Zwischen beiden Tönen der Prime liegen also null Töne. Nach Inklusivzählung ist das ein Zwischenraum von eins. Bei der Oktave beträgt der Zwischenraum nach moderner Zählung sieben Töne, doch der griechische Wortstamm weist auf acht hin.

Die Inklusivzählung hilft auch dabei, andere Bibelstellen zu verstehen. Nach christlichem Glauben ist Jesus am dritten Tag auferstanden, gestorben Freitagnachmittag vor Sonnenuntergang und auferstanden zwischen Samstagnacht und Sonntagmorgen. Im Judentum wird die Samstagnacht zum Sonntag gerechnet. Und der Sonntag folgt zwei Tage nach dem Freitag, was nach der Inklusivzählung der dritte Tag ist.

Eine andere Bibelstelle lässt sich aber nicht gänzlich mit der Inklusivzählung aufklären. Laut Matthäus 12,40 hat Jesus gesagt: So, wie Jona drei Tage und drei Nächte im Bauch des Walfisches war, so werde er drei Tage und drei Nächte vor seiner Auferstehung im Grab liegen. Bei dieser Zeitangabe hätte Jesus zudem Gründe gehabt, sehr präzise zu sein. Denn die Schriftgelehrten hatten ihn nach einem Zeichen gefragt, woran sie erkennen könnten, dass er der Messias sei. Und das hatte er ihnen geantwortet. Selbst mit Inklusivzählung kommt man aber nur auf drei Tage und zwei Nächte im Grab. Hat Jesus sich verzählt?

SCHNELLRECHNEN-SCHNELLKURS (TEIL 4)

Ohne längere Vorrede stelle ich Ihnen ein ungemein schönes, cooles und spektakulär ungewöhnliches Verfahren für schnelles Multiplizieren zweistelliger Zahlen vor. Es ist eine visuelle Methode und damit ein absolutes *must-see*!

Die alten Chinesen haben sie erfunden, so wie sie auch schon das Papier, den Buchdruck und den Kompass lange vor den Europäern kannten.

Beginnen wir mit 21×32.

Die Zehner- und Einerstellen werden in entsprechende Anzahlen von schräg angeordneten Linien übersetzt. Essstäbchen taten es damals auch schon.

Die folgende Abbildung zeigt dies durch Graustufen.

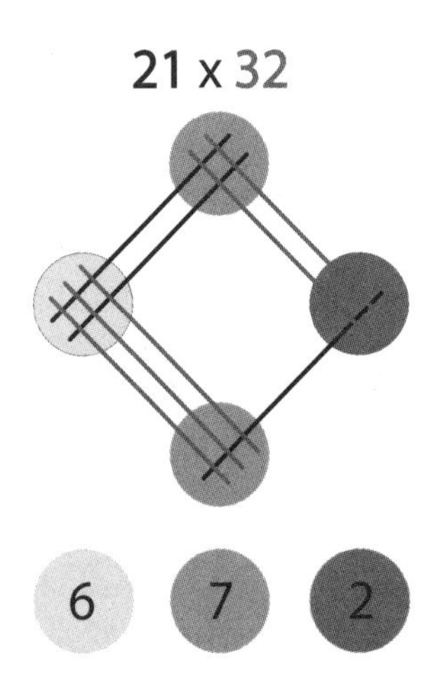

Dann muss man nur noch die Schnittpunkte der Linien in den farblich markierten Bereichen abzählen. Fertig! Schneller als eine 5-Sekunden-Terrine.

Wie geht man vor, wenn in einem Bereich die Zahl der Schnittpunkte zweistellig ist?

Natürlich durch Zehnerübertrag in der naheliegenden Weise.

Nehmen wir 34×53.

Die folgende Abbildung ist ziemlich selbsterklärend.

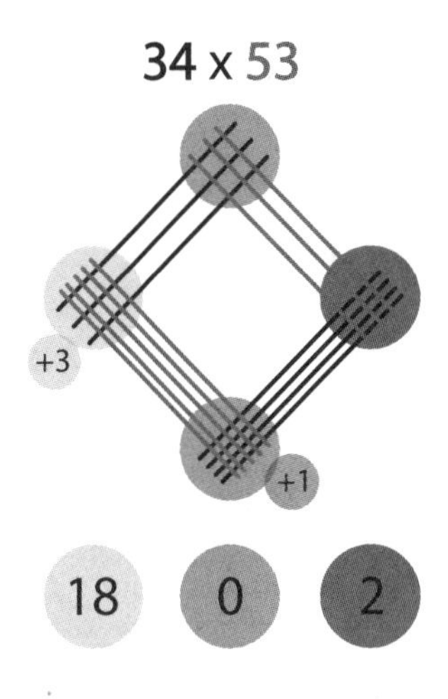

Also: $34 \times 53 = 1802$.

Und nun viel Spaß beim Ausprobieren!

Hier einige Vorschläge:

$13 \times 14 =$

$53 \times 32 =$

$44 \times 26 =$

DATEN, BUNT VERSCHLÜSSELT

Seit der NSA-Abhörskandal dank Edward Snowden publik wurde, haben viele Menschen eine ganz neue Sensibilität für die Sicherheit ihrer Daten und Interesse an deren Verschlüsselung entwickelt.

Die Verschlüsselung von Daten ist ein komplizierter mathematischer Prozess. Bei der symmetrischen Verschlüsselung werden Ver- und Entschlüsselung mit ein und demselben Schlüssel vorgenommen. Einen Schlüssel kann man sich dabei als eine Geheimzahl vorstellen, mit der der Verschlüsseler aus seinem Klartext einen Geheimtext macht und der Empfänger aus dem Geheimtext wieder den Klartext.

Der kritische Punkt dieser Verfahren besteht darin, dass sie nur dann wirklich sicher sind, wenn der Schlüssel sicher ist. Und dieser Schlüssel muss zu Beginn beiden Partnern geheim vorliegen, also irgendwann geheim übertragen oder erzeugt worden sein. Für den Schlüsselaustausch gibt es das Diffie-Hellman-Verfahren:

Die beiden Kommunikationspartner senden sich über einen möglicherweise nicht sicheren, also eventuell abhörbaren Kanal jeweils eine Nachricht zu. Aus diesen nicht geheimen Nachrichten können dann aber beide den geheimen, nur ihnen bekannten Schlüssel berechnen. Die Möglichkeit, so etwas zu erreichen, galt lange als unmöglich.

Das Diffie-Hellman-Verfahren in Farben

Ich zeige Ihnen das Diffie-Hellman-Verfahren anhand von übertragenen Farben statt Zahlen. Dabei wird vorausgesetzt, dass es leicht ist, zwei Farben zu mischen, aber unmöglich ist, eine Mischung zu entmischen, also aus einer Mischung zu ermitteln, welche konkreten Farben sie hervorgerufen hat.

Zunächst einigen sich die Partner Anne und Bert auf eine Anfangsfarbe (sagen wir: *Rot*). Die kann durchaus öffentlich bekannt werden. Dann wählen beide je eine private Farbe (Anne: *Gelb*, Bert: *Blau*) und mischen diese mit der Anfangsfarbe (ergibt bei Anne *Orange*, bei Bert *Lila*).

Jeder schickt anschließend seine Zweiermischung über den unsicheren Kanal an den anderen, behält aber seine eigene private und geheime Farbe. Jeder der beiden mischt nun die erhaltene Zweiermischung mit seiner eigenen privaten Farbe. Beide bekommen dieselbe Dreiermischung (*Braun*) als Gesamtmischung.

Braun ist der nun beiden vorliegende, geheime Schlüssel. Ein eventueller Mithörer kann selbst dann, wenn er die gesendeten Zweiermischungen abfangen sollte, mit dieser Information nichts anfangen, weil er die Mischungen nicht entmischen kann.

WÄRE PI EIN DICHTER, DANN WÄRE ES SHAKESPEARE

Pi ist Kult. Spuren von Pi finden sich überall in der Mathematik: in Kreisen, Schwingungen, Wellen, in Gebieten von Algebra bis Zahlentheorie, von Mechanik bis Quantenmechanik tritt Pi auf, oft ganz überraschend. Wissenschaftler senden diese Zahl ins Weltall, um Kontakt zu knüpfen. Denn eine fremde Zivilisation kann diese Signale nur empfangen, falls sie die Zahl Pi kennt.

Pi-Sportler führen Wettkämpfe um das Memorieren ihrer Ziffernfolge aus. Offizieller Weltrekordhalter ist der Chinese Chao Lu, der 2005 einen ganzen Tag damit verbrachte, 67 890 Stellen von Pi aus dem Gedächtnis aufzusagen. Fehlerfrei, versteht sich. Wie viele Tage er damit verbrachte, die Zahlenkolonne im Gedächtnis abzuspeichern, ist dagegen nicht bekannt. Jedenfalls verwendete er spezielle Memotechniken als Eselsbrücken.

«Dir, o Held, o alter Philosoph, du Riesen-Genie»

Hier ist eine Gedächtnisstütze, die zwar nicht 67 000, aber immerhin 19 Ziffern liefert. Dafür müssen Sie bloß die Anzahl der Buchstaben der Worte als Ziffern schreiben: «Dir, o Held, o alter Philosoph, du Riesen-Genie. Wie viele Tausende bewundern Geister, himmlisch wie du und göttlich.» Das ergibt 3,141592653589793238.

Am einfachsten kann man Pi beschreiben als Fläche eines Kreises mit Radius 1. Doch jeder Kreis hat etwas mit Pi zu tun, sei er so groß wie der Äquator oder so klein wie ein Ehering, immer ist das Verhältnis von Umfang zu Durchmesser genau diese geheimnisvolle Zahl Pi.

Pi ist unter anderem deshalb geheimnisvoll, weil es so viele faszinierende Eigenschaften hat: Pi ist irrational, kann also nicht als Verhältnis zweier ganzer Zahlen geschrieben werden. Daraus folgt, dass Pi unendlich viele Nachkommastellen hat. Pi ist zudem transzendent, tritt also nicht als Nullstelle eines Polynoms mit Koeffizienten auf, die Brüche ganzer Zahlen sind. Weitergedacht ergibt sich daraus, dass die Quadratur eines Kreises allein mit Zirkel und Lineal unmöglich ist.

Schon seit Jahrtausenden versuchen Menschen, Pi exakt oder näherungsweise zu berechnen. Am 22.7. feiern die Freunde der Zahl Pi den Pi-Näherungstag und ehren damit auch Archimedes, der den Wert 22/7 berechnete, was ungefähr 3,142857 und damit auf 0,04 Prozent genau ist. Er hatte dafür einen Kreis gedanklich durch ein 96-Eck ersetzt und dessen Fläche ausgerechnet. Der niederländische Mathematiker Ludolph van Ceulen hatte drei Jahrzehnte seines Lebens darauf verwendet, mit der Archimedes-Methode für ein 2-hoch-62-Eck mit 4 Trillionen Seiten, 35 Dezimalstellen von Pi zu berechnen. Kurz darauf starb er an Erschöpfung. Sein Schüler Snellius stellte wenig später fest, dass van Ceulen dieselbe Genauigkeit auch mit der Hälfte des Rechenaufwandes hätte erreichen können. Künstlerpech.

Pi tritt auch in der Bibel auf. Zwar nicht explizit, aber indirekt: König Salomon ließ vom Schmied Hiram von Tyrus ein rundes Wasserbecken für den Tempel in Jerusalem herstellen, das «Meer». Im 1. Buch der Könige 7,23 heißt es darüber: «Und er machte das Meer, gegossen von einem Rand zum anderen 10 Ellen und eine Schnur von 30 Ellen war das Maß ringsherum.»

Pi-theoretisch hinkt die Bibel den alten Ägyptern hinterher

Daraus ergibt sich der Näherungswert 3,0 für Pi, was die Bibel Pi-theoretisch hinter die alten Ägypter zurückwirft, die im Papyrus Rind (17. Jahrhundert v. Chr.) immerhin schon bei (16/9) hoch 2 angelangt waren, also bei 3,1605.

Pi ist also in der Bibel enthalten. Umgekehrt ist die Bibel auch in Pi enthalten. Jedenfalls dann, wenn Pi eine normale Zahl ist. Davon gehen die meisten Mathematiker heute aus. Normale Zahlen sind solche, die in jeder Stellenwertschreibweise jede mögliche Zifferngruppe enthalten. Mit Häufigkeiten, die langfristig so sind, wie es die Wahrscheinlichkeitstheorie erwarten ließe, wären die Ziffern der Zahl rein zufällig erzeugt worden.

Es kommt dann jeder Ziffernblock, ganz gleich welcher Länge, irgendwo in Pi vor. Mit anderen Worten: Pi weiß alles über Sie. Und auch über mich. Pi hat meine Telefonnummer. Und springt man zur 35 658 179-ten Dezimalstelle, so beginnt dort mein achtstelliges Geburtsdatum.

Schreibt man Buchstabenfolgen als Zahlenfolgen (a=01, b=02 etc.), so sind auch alle Texte aller Zeiten in Pi enthalten sowie auch jede endliche Zeichenkette wie zum Beispiel PiLovesU oder die Werke Shakespeares. Pi ist dann ein Beispiel für das Infinite-Monkey-Theorem. Es besagt, dass ein ewig auf einer Schreibmaschine herumtippender Affe irgendwann alle Werke von Shakespeare getippt haben wird. Oder in einer martialischeren Variante: dass ein unendlich lange auf unendlich viele Häuserfronten ballernder Freischärler irgendwann alle Bände von Karl May in Braille erzeugt hat.

Stellen Sie sich bitte Folgendes vor: Ein Küchenboden bestehe aus länglichen Kacheln mit geraden Fugen zwischen diesen. Ganz willkürlich werfen wir Wiener Würstchen der Länge L darauf (vorher putzen nicht vergessen, denn ich will nicht schuld sein, dass Sie Lebensmittel wegschmeißen müssen). Wenn der Boden keine Fugen hat, platzieren Sie vorher Klebestreifen auf ihm mit gleichem Abstand d=2L, gemeint ist die doppelte Würstchenlänge.

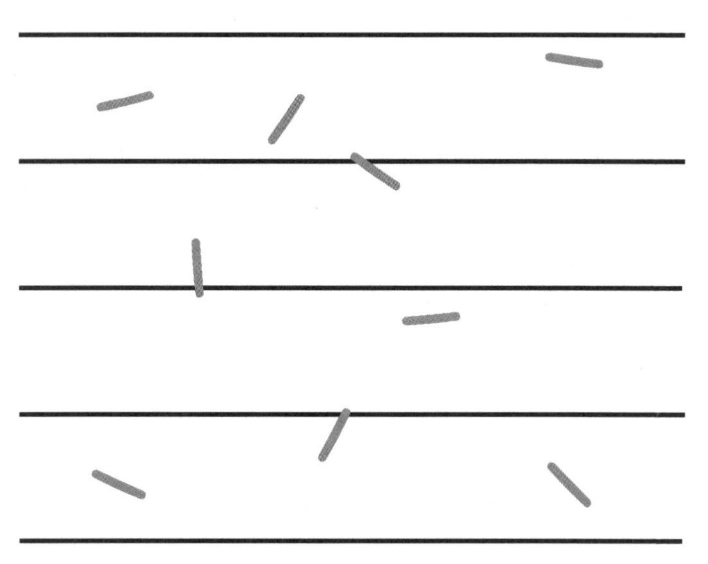

Wie wahrscheinlich ist es nun, dass ein willkürlich geworfenes Würstchen eine Fuge schneidet? Der Würstchenmittelpunkt kann dabei ganz beliebig zwischen zwei Fugen platziert und die Ausrichtung des Würstchens ebenso beliebig über die Richtungen des Küchenbodens verteilt sein. Dann ist die Wahrscheinlichkeit, dass ein achtlos geworfenes Würstchen Fuge oder Klebestreifen schneidet, genau der

Kehrwert von Pi (allgemein 2×L/(d×Pi), was für obiges d den Kehrwert von Pi ergibt).

Wenn man ganz viele Würstchen wirft, dann wird der Anteil der Würfe, bei denen eine Überschneidung auftritt, ungefähr diese Wahrscheinlichkeit sein. Je mehr Würstchen, desto genauer ist die Annäherung. Also kann man aus dem Kehrwert des Anteils eine Näherung für die Kreiszahl errechnen.

Woher die vielen Würstchen wissen, wie sie fallen müssen, damit man in Bezug auf Pi etwas mit ihnen anfangen kann? Das ist eine philosophische Frage, der ich hier weitgehend ausweiche. Was aber klar und genauso faszinierend ist, ist die Tatsache, dass selbst ein Haufen Würstchen Schwarmintelligenz aufweist. Also eine Form davon, die selbst in unbelebten Objekten aufgrund des statistischen Gesetzes der großen Zahlen auftritt.

Im Jahr 1901 hat sich Mario Lazzarini diese Intelligenz zunutze gemacht. Statt Würstchen warf er eine Nadel der Länge L=2,5 cm insgesamt 3408-mal auf ein Linienmuster mit Linienabstand d=3 cm und erhielt 1808 Würfe mit Überschneidungen. Lazzarini erhielt also als Annäherung für Pi den Wert 3,1415929. Ein Wert also, der auf sechs Nachkommastellen korrekt ist.

LOTTO-SECHSER, SO SELTEN WIE EIN TÖDLICHER UNFALL

Was ist das Spiel der Deutschen? Mit Sicherheit Fußball, aber mehr noch ist es Lotto. Jeden Mittwoch, jeden Samstag. Jede Woche gibt Lotto-Deutschland rund 100 Millionen Euro fürs Tippen aus. Wenn die Gewinnzahlen gezogen werden, sitzen mehr Leute vor dem Schirm als bei Bundesligaspielen. Und bei keiner Sendung gibt es am Ende so viele frustrierte Zuschauer.

Immer wieder sorgt Lotto für Nachrichten. So bei der 5295ten Ziehung, als die Zahlen 9, 10, 11, 12, 13, 37 gezogen wurden. Die Wahrscheinlichkeit für ein solches Ereignis beträgt etwa 1:7391. Eine Fünferreihe (die keine Sechserreihe ist) tritt also im Schnitt nur alle 71 Jahre auf. Dasselbe passierte aber bereits am 10. April 1999, als es die Zahlen 2, 3, 4, 5, 6, 26 gab. Ist das extrem unwahrscheinlich: zwei solche Fünferreihen in 5295 Ziehungen? Die Antwort ist Nein.

Wir können diese Wahrscheinlichkeit wieder mit der Poisson-Verteilung ausrechnen, die wir schon für die Anzahl der Tore bei einem Fußballspiel eingesetzt haben. Die Situation ist übertragbar. Was beim Fußball ein Tor ist, ist beim Lotto jetzt eine Fünferreihe. Der erwarteten Anzahl von Toren pro Spiel entspricht die erwartete Anzahl von Fünferreihen in 5295 Ziehungen. Diese erwartete Anzahl ist a=5295/7391=0,716. Dann sind die Wahrscheinlichkeiten für m Fünferreihen in 5295 Ziehungen gleich (e hoch −a)×(a hoch m)/m!. Dabei ist e=2,718… die Euler'sche Konstante, und m!=1×2×…×m ist das Produkt der ersten m natürlichen Zahlen.

Zwei Fünferreihen in 5295 Ziehungen sind kein seltenes Ereignis

Wendet man diese Formel für m=0 beziehungsweise 1 beziehungsweise 2 an, ergeben sich die Wahrscheinlichkeiten 48,9 Prozent beziehungsweise 35,0 Prozent beziehungsweise 12,5 Prozent. Die Wahrscheinlichkeit für zwei Fünferreihen in 5295 Ziehungen beträgt also etwa 1:8. Und das ist kein seltenes Ereignis.

Die Wahrscheinlichkeit für einen Sechser hingegen beträgt 1:14 Millionen. Das ist eine extrem geringe Wahrscheinlichkeit, die ich in meinen Vorlesungen bisweilen mit dem Risiko veranschauliche, auf dem Weg zur Lottoannahmestelle zu sterben, etwa durch einen tödlichen Unfall. Ein gesunder Mensch mittleren Alters steht unter dem Risiko von 1:1000, im Verlauf des kommenden Jahres zu sterben. Dann entspricht der Wahrscheinlichkeit seines Todes in der nächsten Dreiviertelstunde etwa der Chance auf einen Lotto-Sechser. Mit anderen Worten: Ganz gleich, wann man seinen Lottoschein einreicht, das Risiko ist größer, bei der Ziehung der Zahlen bereits verstorben zu sein, als die Chance, mit der Ziehung zum Millionär zu werden.

Noch besser, da weniger morbide, gefällt mir dieses Bild von Alex Balko:

Auf einem Fußballfeld steht ganz beliebig irgendwo eine offene Flasche Bier. Ein Vogel kreist rein zufällig über dem Feld, ohne dass er etwas von der Bierflasche weiß. Er hat eine kleine Murmel zwischen den Krallen. Irgendwann entgleitet dem Vogel die Murmel und sie fällt, Sie ahnen es schon, genau in die Bierflasche.

Sehr unwahrscheinlich. Aber nicht unwahrscheinlicher als ein Sechser im Lotto.

GOTT WUSSTE, WANN DIE BERLINER MAUER FÄLLT

Am 13. August 1961 begann der Bau der Berliner Mauer. Acht Jahre später besuchte der amerikanische Mathematiker und Physiker J. Richard Gott die Grenze – und fragte sich, wie lange die Mauer wohl noch stehen werde. Statt den weiteren Verlauf komplizierter weltpolitischer Ereignisse zu prognostizieren und daraus eine Vorhersage abzuleiten, fasste er den Entschluss, stochastisch zu argumentieren.

Da Gott (J. Richard) sich gegenüber der Gesamtexistenzdauer der Mauer als rein zufälliger Besucher wähnte, konnte er mit 75-prozentiger Gewissheit sagen, dass der zufällige Zeitpunkt t_{jetzt} seines Mauerbesuchs *nach* dem ersten Viertel der Gesamtexistenzdauer der Mauer passierte. Damit lag sein Besuch im zeitlichen Bereich der letzten drei Viertel von deren Existenz. Befindet sich t_{jetzt} am linken Rand des 75-Prozent-Bereiches, ist die Zukunft der Mauer am längsten, nämlich dreimal so lang wie die bisherige Vergangenheit von acht Jahren. Richard Gott konnte also damals zu 75 Prozent sicher sein, dass die Mauer $3 \times 8 = 24$ Jahre später, also 1993, nicht mehr stehen würde. Und sie fiel ja auch 1989.

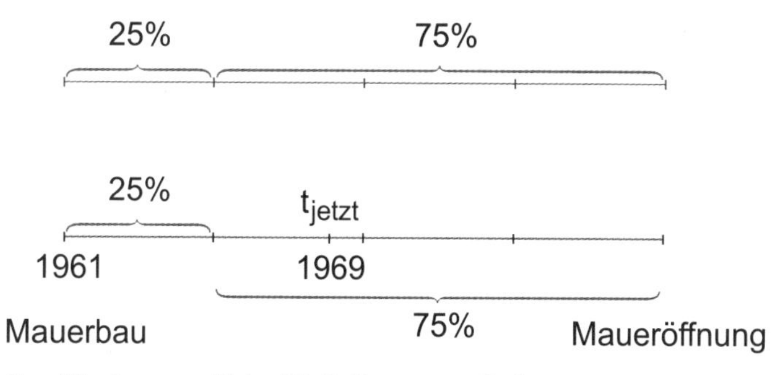

Grundüberlegung zu Richard Gotts Prognosemethode

Dies ist eine simple, aber dennoch in ihrer Einfachheit geniale stochastische Methode, die zukünftige Dauer eines beliebigen Phänomens mit gewünschter Sicherheit allein (!) unter Verwendung von dessen bisheriger Existenzdauer zu prognostizieren. Das geht auch für die weitere Publikationsdauer Ihrer Lieblingszeitschrift bis zum Publikationsende oder gar den weiteren Fortbestand der Menschheit bis zum Aussterben.

Die Methode ist absolut minimalistisch und benötigt nur einen als rein zufällig interpretierbaren Zeitpunkt im gesamten Existenzintervall des untersuchten Phänomens. Das aber ist essenziell. Die Gültigkeit der Methode steht und fällt mit der Verfügbarkeit eines solchen rein zufälligen Zeitpunktes. Wird man etwa kurz nach der Hochzeit eines Paares zu dessen erster Party als Ehepaar eingeladen, ist es nicht berechtigt, diesen Zeitpunkt zur Prognose der Länge der Ehe zu verwenden.

Alltagsprognosen leicht gemacht

Gotts Methode ist aber zum Beispiel in der folgenden Situation anwendbar: Sie besuchen China und werden von einem chinesischen Freund zu einem Sportereignis eingeladen. Sie wissen nichts über das Ereignis und fragen sich, wie viele Zuschauer wohl kommen werden. Sie schauen auf Ihrem Ticket nach und sehen, dass es sich um die Ticketnummer 37 handelt. Wie kann man eine Aussage über die Anzahl der Zuschauer treffen?

Mit einer Wahrscheinlichkeit von 50 Prozent gehört Ihre Ticketnummer 37 zur zweiten Hälfte der insgesamt verkauften Tickets. Also werden mit einer Wahrscheinlichkeit von 50 Prozent höchstens 73 Menschen zu der Veranstaltung kommen. Denn wenn 74 oder noch mehr Tickets verkauft worden wären, dann läge die Ticketnummer 37 in der ersten Hälfte verkaufter Tickets.

Will man mehr Sicherheit, so lässt sich die Vertrauenswahrscheinlichkeit auf 80, 90, 95 Prozent oder noch größere Wahrscheinlichkeiten erhöhen. Ist man etwa mit 90 Prozent zufrieden, sollte man zunächst überlegen, dass mit einer Wahrscheinlichkeit von 10 Prozent Ihre Ticketnummer zum ersten Zehntel der Menge aller verkauften Tickets gehört – das erste Zehntel umfasst also mit einer Wahrscheinlichkeit von 10 Prozent mindestens 37 Tickets. Mit 10-prozentiger Wahrscheinlichkeit wurden also mindestens $10 \times 37 = 370$ Tickets verkauft und mit der zugehörigen Gegenwahrscheinlichkeit von 90 Prozent weniger als 370 Tickets. Sie können somit ziemlich sicher sein, dass Ihr Freund Sie nicht zu einer Großveranstaltung eingeladen hat.

Jetzt sind Sie an der Reihe: Jemand liest Ihnen seinen Lieblingsabsatz aus einem Buch vor und erwähnt, dass er auf Seite 27 steht. Wie schätzen Sie die Gesamtseitenzahl des Buches mit einer Vertrauenswahrscheinlichkeit von 95 Prozent?

EXISTENZ GOTTES MATHEMATISCH BEWIESEN

In diesem Beitrag geht es um einen mathematischen Beweis für die Existenz Gottes. Der Physiker Heinz Oberhummer sagt, das sei nicht möglich. Der Mathematiker Kurt Gödel sah das anders.

Gödel (1906–1978) war ein legendärer Logiker. Wie Einstein lehrte er an der Universität Princeton, die beiden großen Männer waren befreundet. Einstein sagte einmal, dass er manchmal nur deshalb ins Institut gegangen sei, um später mit Gödel auf dessen Heimweg sprechen zu können.

Es gibt Wahrheiten, die sich nicht beweisen lassen

Nach Gödels Tod tauchte in seinem Nachlass ein mathematischer Beweis für die Existenz Gottes auf. Gödel hatte ihn nicht veröffentlicht, weil er besorgt war, man könne ihn als Glaubensbekenntnis auffassen. Der Fund im Nachlass war eine wissenschaftshistorische Sensation. Schon zu Lebzeiten wurde Gödel berühmt durch seinen Unvollständigkeitssatz. Er stieß darauf, als er sich mit Aussagen vom Typ «Ich bin nicht beweisbar!» befasste und die Frage nach ihrem Wahrheitsgehalt stellte.

Ist diese Aussage wahr, dann kann man sie – wie sie ja selbst verkündet – nicht beweisen. Ist diese Aussage falsch, schon. Doch tut man dies, so hat man etwas bewiesen, das nicht wahr ist. Das ist ein logischer Widerspruch. Ergo ist die getroffene Aussage nur dann wahr, wenn sie nicht bewiesen werden kann. Es gibt also Wahrheiten, die sich nicht beweisen lassen. Das ist der Kern von Gödels Unvollständigkeitssatz. Und damit hatte er die Mathematik in ernste Schwierigkeiten gebracht.

Irgendwann muss Gödel begonnen haben, logisch über

Gott nachzudenken. Der Ausgangspunkt seines Gottesbeweises ist der Leibniz'sche Begriff der *positiven Eigenschaft.* Eine Eigenschaft ist positiv, wenn sie keiner anderen Eigenschaft logisch widerspricht. Ferner spielt der Begriff der *Notwendigkeit* eine Rolle: Notwendig ist etwas, dessen Gegenteil logisch widersprüchlich ist.

Drei Definitionen, fünf Axiome und vier Theoreme

Gödels logische Konstruktion Gottes besteht aus drei Definitionen, fünf Axiomen und vier Theoremen. Gleich in der ersten Definition teilt er uns mit, wie er sich Gott denkt. Definitionen sind Begriffsfestlegungen, Axiome sind die Voraussetzungen des Beweisganges, die ohne Begründung als wahr angenommen werden. Theoreme sind aufgrund der Axiome und mittels gültiger logischer Schlüsse erhaltene wahre Aussagen.

Hier ist Gödels Beweis in versprachlichter Form. Haben Sie Lust, ihn nachzuvollziehen?

Definition 1: Ein Wesen ist göttlich, wenn es alle positiven Eigenschaften besitzt.

Definition 2: Eine Eigenschaft eines Wesens heißt wesentlich, wenn alle weiteren Eigenschaften dieses Wesens daraus notwendig folgen.

Definition 3: Ein Wesen existiert notwendig, wenn alle seine wesentlichen Eigenschaften notwendig sind.

Axiom 1: Jede Eigenschaft ist entweder positiv oder nicht positiv.

Axiom 2: Was notwendig eine positive Eigenschaft enthält, ist selber positiv.

Theorem 1: Ist eine Eigenschaft positiv, so ist es möglich, dass es etwas gibt, das diese Eigenschaft besitzt.

Axiom 3: Göttlichkeit ist eine positive Eigenschaft.

Theorem 2: In einer möglichen Welt ist ein göttliches Wesen logisch möglich.

Axiom 4: Jede positive Eigenschaft ist notwendig positiv.

(Dies bedeutet, dass Notwendigkeit in der Positivität einer Eigenschaft enthalten ist. Somit ist Notwendigkeit selbst eine positive Eigenschaft.)

Theorem 3: Wenn ein Wesen göttlich ist, dann ist seine Göttlichkeit eine wesentliche Eigenschaft.

(Daraus folgt, dass es höchstens ein göttliches Wesen geben kann.)

Axiom 5: Die Eigenschaft der notwendigen Existenz ist positiv.

Theorem 4: Wenn die Existenz eines göttlichen Wesens logisch möglich ist, dann ist sie notwendig.

(Da wir die logische Möglichkeit der Göttlichkeit bereits in Theorem 2 festgestellt haben, folgt nun, dass genau ein göttliches Wesen notwendig existiert.)

Der Beweis ist logisch korrekt, wie jetzt ein Computer mithilfe zweier Informatiker geprüft hat.

Bei Gödel sieht der Beweis in abstrakter Form so aus. Gödels Gott ist am Ende das G(x):

Ax 1. $\bullet \forall x\{[\varphi(x) \rightarrow \psi(x)] \wedge P(\varphi)\} \rightarrow P(\psi)$
Ax 2. $P(\neg\varphi) \leftrightarrow \neg P(\varphi)$
Th 1. $P(\varphi) \rightarrow \lozenge\, \exists x\, [\varphi(x)]$
Df 1. $G(x) \leftrightarrow \forall x[P(\varphi) \rightarrow \varphi(x)]$
Ax 3. $P(G)$
Th 2. $\lozenge\, \exists x\, G(x)$
Df 2. $\varphi \text{ ess } x \leftrightarrow \varphi(x) \wedge \forall\psi\{\psi(x) \rightarrow \bullet \forall x[\varphi(x) \rightarrow \psi(x)]\}$
Ax 4. $P(\varphi) \rightarrow \bullet\, P(\varphi)$
Th 3. $G(x) \rightarrow G \text{ ess } x$
Df 3. $E(x) \leftrightarrow \forall\varphi[\varphi \text{ ess } x \rightarrow \bullet\, \exists(x)\, \varphi(x)]$
Ax 5. $P(E)$
Th 4. $\bullet\, \exists x\, G(x)$

Was halten Sie von diesem Beweis? Glauben Sie an G(x)? Was halten Sie von Gödels Gott? Für mich ist eines klar: Den «Gott Abrahams, Isaaks und Jakobs» aus meinem Religionsunterricht habe ich anders in Erinnerung.

IHR GEBURTSTAG IST LEBENSGEFÄHRLICH

Am 29. August 1915 wurde Ingrid Bergman geboren. Als sie 67 Jahre später starb, galt die dreifache Oscargewinnerin als eine der bedeutendsten Schauspielerinnen der Filmgeschichte. Doch das soll heute nicht unser Thema sein, sondern vielmehr die Frage: Was haben Platon, Shakespeare und Ingrid Bergman gemeinsam? Die Antwort: Sie starben alle an ihrem Geburtstag. Kommt so etwas öfter vor, als es der Zufall erwarten lässt, oder vielleicht sogar eher seltener? Gibt es eine Verbindung zwischen Geburtstag und Todestag?

In der wissenschaftlichen Literatur gibt es die Hypothese, dass manche Menschen ihren Todeszeitpunkt geringfügig hinauszögern können, um einen Geburtstag oder ein anderes Ereignis von Bedeutung noch zu erleben.

Eine Gruppe von Wissenschaftlern von der Universität Zürich hat vor zwei Jahren eine Studie veröffentlicht, die diese und andere Hypothesen testet (Ajdacic-Gross, 2012). Die Forscher hatten für die Schweiz mehr als zwei Millionen Geburts- und Todesdaten zusammengetragen. Für diese Art von Daten ist die Mess-Skala zirkulär, wie auch für Winkel und Tageszeiten: Nach 359 Grad kommt 0 Grad, nach 23:59 Uhr kommt 00:00 Uhr, nach dem 31.12. kommt der 1.1.

Plus 18 Prozent Sterbewahrscheinlichkeit ab 60 Jahren

Spezielle mathematisch-statistische Verfahren müssen angewendet werden, um zirkuläre Daten zu analysieren. Wenn zum Beispiel Angaben vorliegen, die sich auf Himmelsrichtungen beziehen, und die Werte schwanken zwischen 0 Grad und 359 Grad, dann sind 0 Grad und 359 Grad weit weniger unterschiedlich, als es die reinen Zahlenwerte suggerieren. Dasselbe gilt für Daten zu Todestagen relativ zu Geburtstagen. Der Unterschied zwischen einem Tag nach einem Geburtstag und 364 Tagen nach einem Geburtstag ist gering.

Die Statistik zirkulärer Daten ist insofern anspruchsvoller, als anstatt der sonst häufig auftretenden Gauß'schen Glockenkurve für die Untersuchung von Streuungen eine um einen Kreis gewickelte Glockenkurve, die von-Mises-Verteilung, verwendet werden muss.

Die Zürcher Forscher haben die besagten Daten in ihrer Studie so aufbereitet, dass die Differenz zwischen Geburts- und Todestag für jede Person auf einem linearisierten Jahreskreis abgebildet wurde, von minus 182 Tagen bis plus 182 Tagen. Dann wurden die Daten aggregiert und statistische Maßzahlen errechnet, etwa für Mittelwert, Streuung und Signifikanz.

Die Studie kommt zu interessanten Ergebnissen. Besonders eines ist bemerkenswert: Am eigenen Geburtstag besteht ein signifikant erhöhtes Sterberisiko von plus 14 Prozent gegenüber dem Durchschnitt für die anderen Tage. Für Über-60-Jährige sind es sogar plus 18 Prozent.

Das Risiko wurde zudem nach verschiedenen Todesursachen und Geschlecht aufgeschlüsselt. Unter den Frauen waren die Todesursachen Gehirnschlag (um 22 Prozent erhöht) und Herz-Kreislauf-Versagen (plus 19 Prozent) für die Risikozunahme am Geburtstag verantwortlich. Unter den

Männern waren es hauptsächlich Unfälle (plus 29 Prozent) und Selbstmorde (plus 35 Prozent).

Wie kann man diese Daten deuten?

Eine Hypothese ist diese: Unter Frauen, insbesondere älteren Frauen, weist die Art der am Geburtstag stärker vertretenen Sterbeursachen auf eine Zunahme von Stress hin, unter Männern eher auf psychologische Faktoren, die den eigenen Geburtstag als unerfreulich erscheinen lassen (mehr Selbstmorde), sowie auf verstärkten Konsum von Alkohol (mehr Unfälle).

Unter älteren Frauen scheint also der Geburtstag im Schnitt mit Tätigkeiten verbunden, die ein gewisses Maß an Anstrengung verursachen, wie etwa die Vorbereitung eines Geburtstagsessen für Familie und Gäste. Unter älteren Männern könnte in unserer leistungsorientierten Gesellschaft eine gewisse Frustration daraus resultieren, dass sie sich mehrheitlich als hinter eigenen Leistungserwartungen zurückgeblieben wähnen und dies an Geburtstagen, wenn man dazu neigt zu bilanzieren, besonders spürbar wird.

SCHNELLRECHNEN-SCHNELLKURS (TEIL 5)

In den bisherigen Beiträgen zum Schnellrechnen haben wir uns mit verschiedenen Arten des Multiplizierens beschäftigt. Heute gilt unser Interesse dem Wurzelziehen. Radizieren nannte man das früher und es ist die Umkehrung des Potenzierens. Etwas genauer gesagt, geht es um Quadratwurzeln. Für eine Zahl Z ist das diejenige Zahl W, die mit sich selbst multipliziert Z ergibt, also die Gleichung $W \times W = Z$ erfüllt.

Die Zahl $Z=9$, zum Beispiel, hat die Wurzel $W=3$. Eine weitere Wurzel ist -3, denn auch $(-3)\times(-3)=9$. Die beiden Wurzeln der Quadratzahl 9 sind also ganze Zahlen. Das ist einer der möglichen Fälle. Schon der griechische Mathematiker Theaitetos von Athen (ca. 417–369 v. Chr.) hat um 380 v. Chr. bewiesen, dass alle Wurzeln aus natürlichen Zahlen entweder ganz oder irrational sind. Irrational ist eine Zahl, wenn sie nicht als Bruch zweier ganzer Zahlen dargestellt werden kann. Dann ist sie eine Kommazahl mit unendlich vielen, sich nicht periodisch wiederholenden Dezimalen.

Rasantes Radizieren leicht gemacht

Wir werden sehen, dass Hochgeschwindigkeitswurzelziehen für bis zu fünfstellige Quadratzahlen leicht möglich ist. Das sind die Situationen, in denen das Wurzelziehen glatt aufgeht und die Wurzeln höchstens dreistellig sind. Dieses rasante Radizieren geht in weniger als zwei Atemzügen. Sehen Sie selbst:

Die positive Wurzel W einer Quadratzahl Q lässt sich in zwei Schritten ziehen:

1. Schritt: Streichen Sie die letzten beiden Stellen von Q, also die Einer- und die Zehnerstelle, und suchen Sie die größte Zahl G, die quadriert kleiner oder gleich der dann erhaltenen Zahl Z ist. G bildet die ersten Stellen der Lösung W.

2. Schritt: Betrachten Sie die Einerstelle E der Quadratzahl Q. Mit ihr bekommen Sie die letzte Ziffer L der Lösung, die dann einfach nur noch an G angefügt werden muss, um die Wurzel zu erhalten. Das geht so:

Ist $E=0$, dann ist $L=0$

Ist $E=1$, dann ist $L=1$ oder $L=9$

Ist $E=4$, dann ist $L=2$ oder $L=8$

Ist $E=5$, dann ist $L=5$
Ist $E=6$, dann ist $L=4$ oder $L=6$
Ist $E=9$, dann ist $L=3$ oder $L=7$

Warum das so ist, dürfte klar werden, wenn man die Zahlen $L=0$ bis $L=9$ quadriert. Der Liste ist zu entnehmen, dass es meist zwei mögliche Endziffern für die Lösung gibt, außer wenn $E=0$ oder $E=5$ ist. Um zu sehen, ob die kleinere oder die größere der beiden Endziffern zur richtigen Lösung führt, geht man so vor: Man nehme das Ergebnis G von Schritt 1 und multipliziere es mit $G+1$. Ist das Produkt $G\times(G+1)$ größer als der Anfangsabschnitt Z, so ist die kleinere Zahl die richtige Endziffer. Andernfalls ist es die größere Zahl. Das hört sich alles ziemlich theoretisch und sogar vertrackt an, geht aber ausgesprochen schnell.

Nehmen wir die Quadratzahl 841.

Streichen, Abgleichen, Multiplizieren

Streichen wir die letzten beiden Stellen, so bleibt nur die 8 übrig. Die größte ganze Quadratzahl, die nicht größer als 8 ist, ist $4=2\times2$. Somit haben wir die Anfangsziffer der Wurzel aus 841 gefunden. Es ist die 2. Da 841 als letzte Ziffer eine 1 hat, muss nach obiger Liste die letzte Ziffer der Wurzel entweder eine 1 oder eine 9 sein. Um die richtige zu finden, bilden wir das Produkt $2\times3=6$, was kleiner als die Anfangsziffer 8 ist. Demnach ist die größere Zahl 9 die letzte Ziffer der Lösung, die deshalb 29 lautet. Und in der Tat zeigt eine kleine Rechnung mit unseren früheren Methoden des schnellen Multiplizierens, dass $29\times29=841$ ist.

Unser zweites Beispiel ist die Zahl 3844.

Wir wissen, dass die Quadratwurzel aus dieser Zahl wiederum zweistellig ist. Das Streichen der letzten beiden Ziffern von 3844 ergibt 38. Da $6\times6=36$ die nächstliegende, nicht größere Quadratzahl ist, erhalten wir eine 6 als erste

Ziffer der Lösung. Da die letzte Ziffer von 3844 eine 4 ist, kommt als zweite Ziffer der Lösung nur eine 2 oder eine 8 infrage. Da aber 6×7=42 größer als 38 ist, muss es die 2 sein, und unsere Lösung lautet 62.

Als drittes Beispiel nehmen wir die fünfstellige Zahl 19321.

Der erste Schritt führt auf 193, und wegen 13×13=169, aber 14×14=196 bekommen wir 13 als Anfangsabschnitt der Lösung. Da die letzte Ziffer von 19321 eine 1 ist, muss die letzte Ziffer der Lösung eine 1 oder eine 9 sein. Da 13×14=182 kleiner als 193 ist, muss es sich um die 9 handeln, und unsere Lösung ist 139.

Haben Sie Lust, es selbst zu probieren? Welches sind die positiven Wurzeln von:

961
5929
13225

DIESES THEOREM MACHT SIE ZUM MEISTERMAGIER

In diesem Beitrag soll es ums Zaubern gehen. Unser Hauptrequisit: ein mathematisches Theorem. Sehr vielen Zaubertricks – speziell solchen mit Spielkarten – liegen mathematische Prinzipien zugrunde. Sie sind aber so versteckt, dass sie nur dem Eingeweihten ersichtlich sind. Ich möchte Ihnen heute einen hübschen Zaubertrick zeigen, der auf dem Theorem von Erdős und Szekeres beruht. Es sagt in abstrakter Formulierung Folgendes:

«In jeder Folge a(1), a(2), ..., a(k×k+1) von k×k+1 verschiedenen Zahlen gibt es immer eine aufsteigende Zahlenfolge der Länge k+1 oder eine absteigende Zahlenfolge der Länge k+1 oder beides.»

Nehmen wir den Fall k=3: Für die zehn Zahlen 0, 1,

2, …, 9, deren Abfolge beliebig durchgeschüttelt wird – etwa 7, 0, 9, **2**, 6, **3**, 1, **5**, 4, **8** –, garantiert das Theorem eine aufsteigende oder absteigende Teilfolge der Länge 4. Oben sind es zum Beispiel die aufsteigenden fett markierten Zahlen 2, 3, 5, 8.

Was kann man mit diesem kuriosen Resultat anfangen? Im ersten Moment nicht viel. Aber es lässt sich hervorragend damit zaubern, und wir werden jetzt einen recht spektakulären Zaubertrick darauf aufbauen.

Der Zauberer betritt den Raum

Durchführung: Beteiligt sind ein Zauberer, sein Assistent und ein Zuschauer. Der Assistent des Zauberers gibt dem Zuschauer Karten mit den Werten 2, 3, 4, 5, 6. Er bittet den Zuschauer, diese fünf Karten in irgendeiner Reihenfolge sichtbar auf den Tisch zu legen. Der Assistent dreht dann alle Karten um, sodass die Kartenwerte verdeckt sind. Nun betritt der Zauberer den Raum. Der Assistent dreht zwei Karten um. Darauf kann der Zauberer die drei nicht aufgedeckten Karten korrekt identifizieren.

Funktionsweise: Wenn der Zuschauer die fünf Karten ausgelegt und bevor der Assistent des Zauberers alle Karten umgedreht hat, hat dieser ermittelt, ob es eine aufsteigende oder absteigende Teilfolge der Länge 3 gibt. Eine solche existiert immer, da wir in der Situation mit $k=2$ des Theorems von Erdős und Szekeres sind. Gibt es mehrere, wählt er irgendeine.

Betritt der Zauberer anschließend den Raum, dreht der Assistent die beiden nicht zu dieser Teilfolge gehörenden Karten um, damit der Zauberer sie sehen kann. Und zwar dreht er erst die kleinere, dann die größere um, falls die Teilmenge der drei verdeckt bleibenden Karten von links nach rechts eine aufsteigende Folge bildet. Andernfalls dreht er erst die größere, dann die kleinere herum. Dies haben Zauberer und Assistent im Vorfeld abgesprochen. Der Zauberer weiß damit nicht nur, um welche drei verdeckten Karten es sich handelt, sondern auch wie sie gereiht sind.

Noch ein Hinweis: Statt mit den Werten 2, 3, 4, 5, 6 der Spielkarten sollte man günstiger mit den Karten König, Karo-Ass, Kreuz-Ass, 2, 3 arbeiten, mit dieser Reihung nach zunehmender Wertigkeit. Dann ist es für den Zuschauer nicht mehr ersichtlich, dass die vom Zauberer identifizierten Karten gereiht auf dem Tisch ausliegen.

MEINE LIEBLINGSFRAUENZEITSCHRIFT

Ein Gespenst geht um in Deutschlands Schulen: die Angst vor der Schulmathematik – und die Unlust bei der Beschäftigung mit ihr. Mädchen sind davon stärker betroffen als Jungen. Das müsste nicht so sein. Vor gut 300 Jahren wurde in Großbritannien eine bemerkenswerte Zeitschrift aus der Taufe gehoben: *The Ladies' Diary or Woman's Almanack* erschien erstmals 1704. Die Zeitschrift diente nach eigener Aussage der «Erbauung des schönen Geschlechts» und sie versprach ihren Leserinnen, «dass die Kultivierung Ihres Geistes Ihre Attraktivität erhöhen wird».

Das wahrhaft Bemerkenswerte an dieser Zeitschrift war, dass sie sich intensiv auch mathematischen, astronomischen und generell naturwissenschaftlichen Themen widmete. Neben Kalenderinformationen wie etwa Feiertagen sowie Küchenrezepten, Ereignissen rund um die Königsfamilie, kosmetischen Fragen, medizinischen Ratschlägen spielten diese wissenschaftlichen Themen eine bedeutende Rolle, und zwar in zunehmendem Maße.

Besonders die in jeder Ausgabe zahlreich enthaltenen mathematischen Probleme erfreuten sich bei der Leserschaft großer Beliebtheit. Diese Aufgaben waren meist als Gedichte gestellt. Auch viele der Lösungen wurden von den Leserinnen und Lesern in Reimform eingeschickt und eine Auswahl davon in der jeweils nächsten Ausgabe veröffentlicht. Die Zeitschrift hatte eine enorme Auflage von rund 30 000 Exemplaren um die Mitte des 18. Jahrhunderts.

Frauen und Mathe?
Im vorviktorianischen Zeitalter kein Problem!

Ihr erster Herausgeber, der Mathematiklehrer John Tipper, zeigt in seinen seitenlangen Editorials stets überaus großen Respekt vor der Intelligenz der Frauen in Bezug auf das Lösen auch schwerer mathematischer und naturwissenschaftlicher Probleme. Die große Beliebtheit dieser Zeitschrift und die beachtliche Resonanz bei den weiblichen Lesern sind ein Indikator dafür, dass damals – immerhin im vorviktorianischen Großbritannien – die Stereotypen und Klischees in Bezug auf Frauen und Mathematik weniger ausgeprägt waren, als sie es gegenwärtig bei uns in Deutschland sind.

The Ladies' Diary wurde gegründet, als Newton noch lebte. Seine Verehrung hatte in England nahezu kultische Züge angenommen. Die weltbewegenden Erfolge seiner mathematischen Theorien waren damals noch so frisch, dass in vielen englischen Clubs und französischen Salons darüber heiß diskutiert wurde. Es war eine Zeit gesamtgesellschaftlicher Wertschätzung der mathematischen Methode als Erkenntnisinstrument.

Bei uns wird die Mathematik vielfach immer noch als männliche Domäne gesehen. Junge Mädchen werden kaum ermuntert, sich für Mathematik zu interessieren. Das führt dazu, dass selbst jene jungen Mädchen, bei denen früh ein großes Talent für die Mathematik sichtbar wird, ab etwa 13 oder 14 Jahren absichtlich nicht mehr gut im Mathematikunterricht sein wollen, weil das als uncool gilt. Auch in meinem eigenen Bekanntenkreis gibt es Frauen, die mir gesagt haben, sie hätten früher eigentlich gerne Mathematik studiert, waren aber besorgt, dann als unfeminin zu gelten.

Es ist Zeit, die Stereotype zu durchbrechen

Mädchen und Jungs sind gleichermaßen talentiert für die Mathematik, wie eine breit angelegte Studie festgestellt hat, in die Ergebnisse von einigen 100 000 Schulkindern in mehreren Dutzend Ländern eingeflossen sind. Festgestellt wurde aber auch, dass das Selbstbewusstsein der Mädchen im Schnitt in der Mathematik geringer ist und ihre Angst vor diesem Fach größer als bei den Jungen. Auch das kann man als Folge der soziokulturellen Stereotype ansehen.

Es wird wirklich Zeit, dass wir solche Stereotype durchbrechen. Und zwar durch mehr gelebte Gleichberechtigung in unserer Gesellschaft. Wenn uns da eine Verbesserung gelingt, können wir auch davon ausgehen, dass die Geschlechterunterschiede in den Mathe-Leistungen verschwinden.

Womit wir wieder beim *Ladies' Diary* wären, das es heute leider nicht mehr gibt. Eine ganz repräsentative Aufgabe von damals ist die folgende, die in der Ausgabe von 1711 als Problem XXI aufgeführt ist und dort als 19-zeiliges Gedicht präsentiert wird. Vielleicht haben Sie Lust, sich damit zu befassen. Hier ist das Rechenrätsel in meinen Worten:

Ein Mann begegnet einer Schafherde, die von mehreren Schäferinnen gehütet wird, und fragt, wie viele Schafe es denn seien. Eine der Schäferinnen antwortet ihm: «Wenn wir die Herde zu gleichen Teilen unter uns Schäferinnen aufteilen, dann bekommt jede von uns doppelt so viele Schafe, wie wir insgesamt Schäferinnen sind. Und ferner: Wenn Sie für eine von uns Schäferinnen 1 Schaf zählen, für eine andere 2 Schafe, für die Dritte 4 Schafe, für die Vierte 8 Schafe und so jeweils verdoppeln, dann erhalten Sie bei der letzten Schäferin eine Zahl, die genau gleich der Anzahl von Schafen in der Herde ist.»

Wie groß war die Herde?

WENN DAS SCHWERE EINE ERLEICHTERUNG IST

«Schwer ist leicht was», sagte schon der Komiker Karl Valentin. Verwirrend wird es, wenn das eigentlich Schwerere das letztlich Leichtere ist. Das mutet zwar paradox an, aber bisweilen ist das Leben tatsächlich leichter, wenn man es sich schwerer macht. Für mich ist es zum Beispiel leichter, statt einer Kiste Mineralwasser gleich zwei Kisten zu tragen. Wegen der Balance. Hier ist ein mathematisches Beispiel, bei dem sich das Prinzip der freiwilligen Selbsterschwernis ebenfalls als günstig erweist. Ein Vater sagt zu seinem Sohn: «Wir erhöhen dein Taschengeld, wenn du von drei Partien Schach, die du abwechselnd gegen mich und deine Mutter spielen musst, mindestens zwei hintereinander gewinnst.»

Wie viele günstige Fälle für den Sohn?

Angenommen, der Sohn gewinnt im Schnitt 6 von 10 Partien gegen die Mutter und 5 von 10 Partien gegen den Vater. Er überlegt, ob er in der Reihenfolge Vater – Mutter – Vater oder eher Mutter – Vater – Mutter gegen seine Eltern antreten soll. Sein Bauchgefühl sagt ihm, dass es günstiger ist, zweimal gegen den schwächeren Gegner zu spielen, also gegen seine Mutter. Er entscheidet sich deshalb für die Abfolge Mutter – Vater – Mutter.

Betrachten wir gedanklich 100 dieser Serien. 60-mal wird

der Sohn im Schnitt seine erste Partie gegen die Mutter gewinnen und davon 30-mal auch noch den Vater besiegen. Das sind zunächst schon einmal 30 günstige Fälle für ihn.

In 40 von 100 Spielserien wird er die erste Partie gegen die Mutter verlieren. Von diesen 40 Fällen gewinnt er in 20 Fällen gegen den Vater und dann in 12 von diesen auch noch seine zweite Partie gegen die Mutter. Zusammengenommen verlaufen 30+12=42 von 100 Spielserien für den Sohn günstig.

Jetzt erschweren wir seine Lage, indem wir ihn zweimal gegen den Vater antreten lassen. Von 100 Serien wird der Sohn im Schnitt in 50 die erste Partie gegen den Vater gewinnen. Und von diesen wird er in 30 Fällen auch die nächste Partie gegen die Mutter für sich entscheiden. Das sind 30 günstige Fälle für den Sohn.

Starke Gegner können uns weiterbringen

In 50 Fällen gewinnt er aber die erste Partie gegen den Vater nicht. Von diesen 50 Fällen gewinnt er in 30 gegen die Mutter und von diesen die Hälfte, also 15, dann auch noch gegen den Vater. Im Ergebnis sind das jetzt 30+15=45 von 100 Spielserien, in denen das Taschengeld des Sohnes aufgestockt wird.

Wir sehen, dass die Reihenfolge Vater – Mutter – Vater für den Sohn die günstigere ist. Ergo: Das Leichte ist nicht immer leichter als das Schwerere. Ein stärkerer Gegner kann besser für uns sein.

Das Ergebnis gilt übrigens ganz allgemein, solange der Sohn größere Chancen hat, gegen die Mutter zu gewinnen als gegen den Vater. In der Rückschau wird das plausibel: Der Sohn muss in jedem Fall die zweite Partie für sich entscheiden. Das fällt ihm leichter, wenn er dabei gegen die Mutter spielt.

SCHACH RÜCKWÄRTS GEDACHT

Drei Mathematiker sitzen im Café. Kommt die Bedienung und sagt: «Möchten Sie alle etwas trinken?» Sagt der erste Mathematiker: «Ich weiß nicht.» Sagt der zweite Mathematiker: «Ich weiß nicht.» Sagt der dritte Mathematiker: «Nein.» Wie ist dieser Dialog zu verstehen? Man muss nur ein wenig vor- und zurückschreitende Logik einsetzen.

Hinter der stenografisch kurzen Antwort steckt eine ganze Geschichte

Die Bedienung hatte gefragt, ob *alle* etwas trinken möchten. Mit seiner stenografisch kurzen Antwort teilt der erste Mathematiker uns Folgendes mit: «Also, ich möchte ein Getränk, aber ich weiß nicht, wie es bei den anderen beiden ist, und zum jetzigen Zeitpunkt ist somit noch ein Ja oder ein Nein als Antwort auf die Frage möglich.» Wenn der erste Mathematiker nichts hätte trinken wollen, dann hätte er die Frage definitiv schon mit Nein beantworten können.

Nun kommt der zwei Mathematiker. Aus der Antwort des ersten Mathematikers hat er geschlossen, dass dieser etwas trinken möchte. Der Antwort des zweiten Mathematikers können wir entnehmen: Auch er möchte etwas trinken (andernfalls hätte auch er mit Nein antworten müssen), und er weiß zwar, dass auch Mathematiker 1 etwas trinken möchte, weiß aber nicht, wie es sich mit Mathematiker 3 verhält. Insofern kann auch er noch kein definitives Ja oder Nein geben.

Nun kommt der dritte Mathematiker. Er hat aus den Antworten seiner Vorgänger entnommen, dass sie etwas trinken wollen. Er aber möchte nichts trinken. Deshalb kann er ein klares Nein als Antwort auf die Frage der Bedienung geben.

Rückschreitende Logik am Beispiel erklärt

Nach diesem Vorspiel sind wir bereit für ein faszinierendes Schachrätsel, das sich mit rückschreitender Logik lösen lässt. Betrachten Sie dafür das folgende Schachbrett:

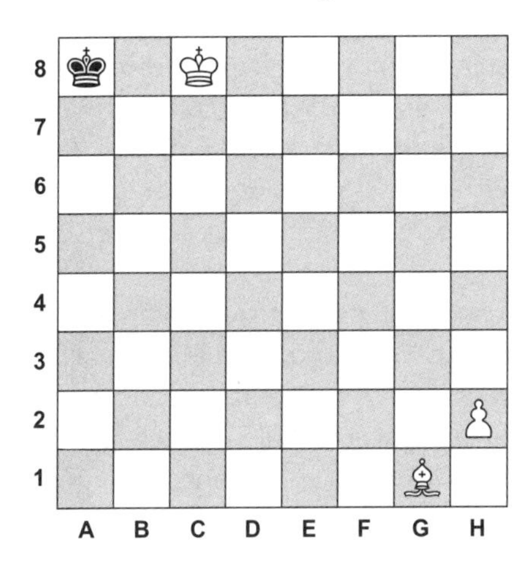

Die Frage lautet: Kann Schwarz soeben einen legalen Zug gemacht haben? Und wenn ja, welche Züge müssen vor der Brettstellung geschehen sein? Es geht also darum, in die Vergangenheit zu schauen. Das erfordert logische Detektivarbeit. Eines ist klar: Wenn Schwarz überhaupt ziehen konnte, dann hat er zuletzt mit seinem König gezogen. Und zwar nach a8. Aber das ist mir noch ein bisschen zu vage. Wir wollen ja das, was in der jüngsten Vergangenheit vor der Brettstellung passiert ist, auch verstehen. Wie kann denn der schwarze König überhaupt nach a8 gezogen sein?

Wegen der Position des weißen Königs kann der schwarze König nur von a7 nach a8 gelangt sein. Doch auch, dass er von a7 kam, scheint wegen des weißen Läufers auf g1 eigentlich unmöglich. Es ist aber die einzige theoretische Möglichkeit für das der Stellung vorausgehende Standfeld des schwarzen Königs. Wir müssen deshalb überlegen, ob wir Begleitumstände finden können, die dies ermöglichen.

Und in der Tat: Der schwarze Monarch kann von a7 gekommen sein, wenn eine Figur auf b6 stand, die verhindert hat, dass er dort im Schach stand. In der obigen Stellung ist diese Figur nicht mehr auf dem Brett. Sie muss demnach, seit sie den schwarzen König vor dem Schach durch den Läufer geschützt hat, vom Brett verschwunden sein.

Das bedeutet aber, dass es sich nicht um eine schwarze Figur gehandelt haben kann, denn diese würde noch auf b6 stehen, denn Schwarz muss, davon haben wir uns schon überzeugt, zuletzt mit seinem König gezogen haben.

Nun gut: Auf b6 muss somit eine weiße Figur gestanden haben. Sie steht jetzt nicht mehr dort. Sie muss also, als der schwarze König nach a8 zog, verschwunden sein. Das bedeutet zwingend, dass sie auf a8 vom schwarzen König geschlagen worden sein muss.

Aber wie ist sie nach a8 gekommen? Sie muss beim Zug zuvor dorthin gezogen sein. Und zwar von b6. Aha: Es kann sich bei dieser Figur also nur um einen weißen Springer gehandelt haben. Damit haben wir die unmittelbare Vergangenheit mit zwingender Logik rekonstruiert: Vor je einem Zug von Schwarz und Weiß vor der Diagrammposition stand der schwarze König auf a7 und ein weißer Springer stand auf b6. Dieser Springer zog nach a8, worauf der schwarze König seitens des Läufers auf g1 im Schach steht. Dann schlägt der schwarze König den weißen Springer auf a8, was zur obigen Stellung führt.

Ihr Schachrätsel für Zuhause

Haben Sie Lust, sich selbst einmal als Detektiv zu versuchen? Hier ist Ihre Chance. Die Problemstellung lautet: Schwarz ist am Zug. Kann er jetzt rochieren?

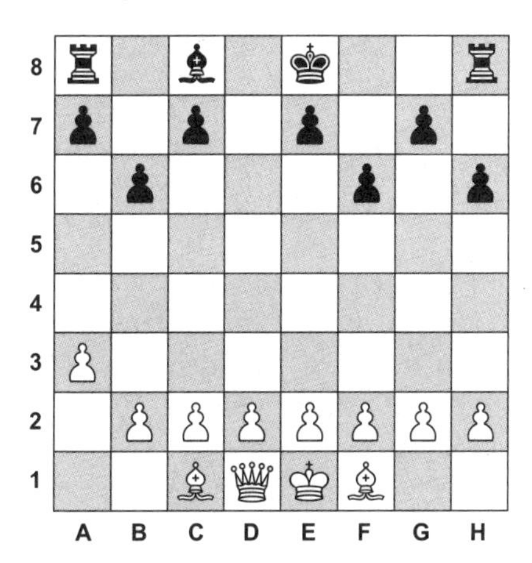

IM SCHACH-UNIVERSUM TICKEN QUADRATE ANDERS

Denkt man an Pythagoras, fällt einem natürlich sein berühmter Satz ein: $a^2+b^2=c^2$. Und schon ist man mitten im Thema der Geometrie. Für den *Satz des Pythagoras* gibt es mehr Beweise als für jeden anderen mathematischen Satz. Einer dieser Beweise stammt sogar vom 20. US-Präsidenten James Garfield (1831–1881).

In diesem Beitrag wird ein Schachbrett-Beweis des Satzes demonstriert. Denn anhand dessen können wir sodann über die kuriose Geometrie des Schachbretts sprechen.

Für den Beweis reicht es, ein paar Linien auf ein Schachbrett zu zeichnen. Und zwar auf zwei verschiedene Arten, so wie in den nächsten beiden Diagrammen abgebildet.

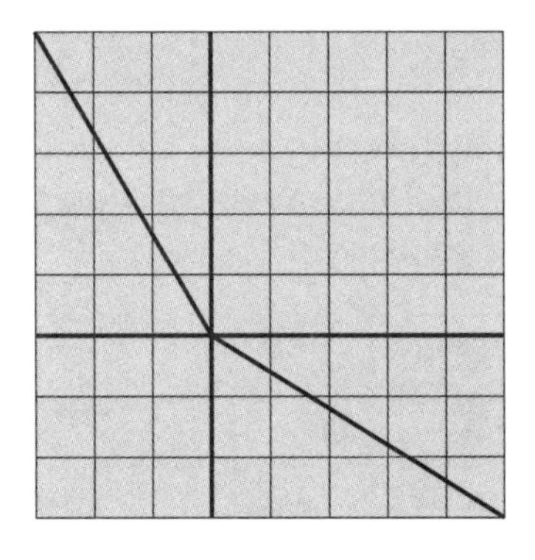 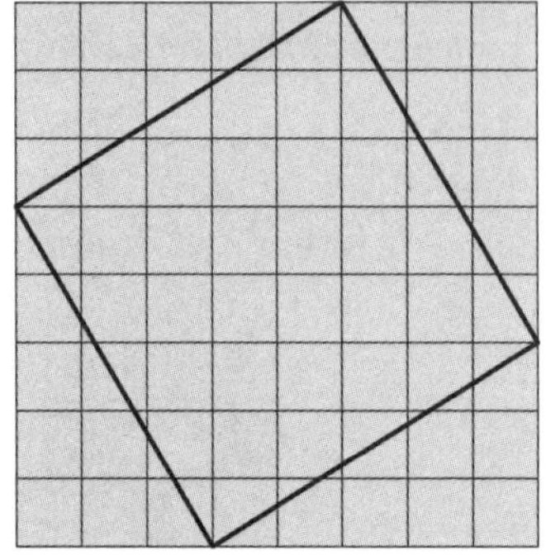

In beiden Abbildungen tauchen jeweils vier rechtwinklige Dreiecke auf. Eigentlich ist es immer ein und dasselbe Dreieck, aber es ist an vier Stellen auf dem Schachbrett platziert, dessen Schwarz-Weiß-Musterung der Felder wir der Übersicht wegen weggelassen haben.

Bezeichnen wir mit c die Länge der längsten Dreiecksseite und mit a, b die Längen der beiden kürzeren Seiten. Dem ersten Diagramm ist zu entnehmen, dass die Fläche des Schachbretts, welche die vier Dreiecke nicht abdecken, also die Fläche der beiden Quadrate, sich so berechnen lässt: $a^2 + b^2$.

Im zweiten Diagramm sind dieselben vier Dreiecke anders positioniert. Die Fläche des Schachbretts, die sie nicht abdecken, ist die Fläche des großen Quadrates in der Mitte. Diese Fläche ist c^2. Dieses Quadrat ist also genauso groß wie die beiden kleinen Quadrate im ersten Diagramm. Und fertig ist der Schachbrett-Beweis des Satzes von Pythagoras für das gegebene, aber beliebige rechtwinklige Dreieck.

Insofern hat Pythagoras auch auf dem Schachbrett recht.

Man könnte jetzt denken, dass die Geometrie des Schachbretts genau so ist wie die Geometrie der Welt. Das stimmt aber nicht. Die Schachgeometrie besitzt bemerkenswerte Besonderheiten.

Definiert man etwa den Abstand zwischen zwei Feldern auf dem Schachbrett als minimale Anzahl von Zügen, die der König benötigt, um von einem Feld zum anderen zu ziehen, so ist zum Beispiel der Abstand zwischen zwei diagonal gegenüberliegenden Eckfeldern (a1 und h8 oder a8 und h1, siehe unten für die Beschriftung der Reihen und Spalten des Schachbretts) genauso groß wie der Abstand von Eckfeldern auf derselben Linie (a1 und h1 oder h1 und h8), nämlich in beiden Fällen sieben Königsschritte.

Auf dem Schachbrett ist vieles anders

In unserer Alltagsgeometrie dagegen ist der Abstand längs der Diagonalen, gemessen in Zentimetern, um den Faktor Wurzel aus 2 größer. Es gibt kein einfacheres und gleichzeitig spektakuläreres Beispiel, um die Auswirkungen der besonderen Schachgeometrie darzustellen, als das folgende berühmte Schachproblem, das vom ungarischen Großmeister Richard Reti 1921 komponiert wurde: Weiß zieht und hält Remis.

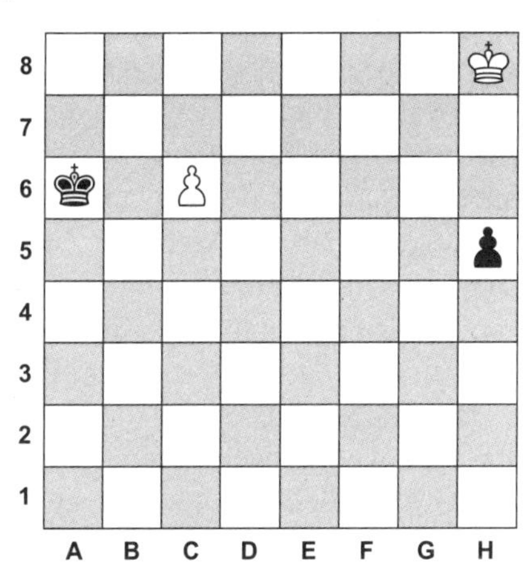

Der weiße König soll also diese Stellung, die so klar für Schwarz gewonnen aussieht, noch ins Unentschieden retten. Das ist nicht nur eine Höchstschwierigkeit, sondern verlangt scheinbar das Unmögliche. Warum?

Der schwarze König kann den weißen Bauern leicht an der Umwandlung in eine Dame hindern. Er steht ja nicht weit von ihm weg. Umgekehrt steht der weiße König aber weit vom schwarzen Bauern entfernt, der drei Felder Vorsprung hat für den Lauf nach h1, wo er sich in eine Dame umwandeln kann. Wie also kann der weiße König auch nur daran denken, diese Stellung noch zu retten? Nicht einmal ein oder zwei Wunder scheinen dafür auszureichen.

Aber der Schein trügt. Die Rettung wird möglich durch die kuriose Geometrie des Schachbretts. Und zwar mit dem Manöver 1.Kg7 h4 2.Kf6 Kb6. Wenn an dieser Stelle Schwarz den Bauern nach h3 gezogen hätte, dann könnte der weiße König seinen eigenen Bauern schützen und ihm helfen, sich in eine Dame umzuwandeln. Das geht so: 3.Ke7 h2 4.c7 Kb7 5.Kd7 und mit den nächsten beiden Zügen von Schwarz und Weiß entstehen zwei Damen auf dem Brett, so dass die Stellung Remis ist.

Wenn aber Schwarz im zweiten Zug den König nach b6 zieht, geht es weiter mit: 3.Ke5 K schlägt c6 (alternativ führt der Zug des schwarzen Bauern nach h3 wegen 4.Kd6 h2 5.c7 Kb7 6.Kd7 wieder zur Entstehung zweier sich neutralisierender Damen). Nachdem der schwarze König aber im dritten Zug den Bauern auf c6 geschlagen hat, sichert sich der weiße König das Unentschieden, indem er im Gegenzug den schwarzen Bauern niederstreckt mit: 4.Kf4 h3 5.Kg3 h2 6.König schlägt h2 und Unentschieden. Die Quadratur des Quadrats ist geglückt!

Das rettende Manöver des weißen Königs basiert also darauf, dass er zwei Ziele gleichzeitig verfolgen kann. Einmal den Angriff auf den schwarzen Bauern und zum anderen die

Unterstützung des eigenen Bauern bei der Umwandlung in eine Dame. Die gleichzeitige Verfolgung beider Ziele wird durch die Schachgeometrie ermöglicht. Der winkelförmige Umweg h8–g7–f6–e5–f4–g3–h2 ist nämlich genauso lang wie der direkte Weg h8–h7–h6–h5–h4–h3–h2. Das heißt: Die Summe der Längen der Schenkel im Dreieck mit den Ecken h8, e5, h2 ist gleich der Länge der Grundlinie h8–h2. Für beide benötigt der König genau sechs Schritte.

In unserer vertrauten Alltagsgeometrie ist der kürzeste Weg zwischen zwei Punkten die gerade Linie, die diese beiden Punkte miteinander verbindet. Jeder Weg, der wie auch immer von dieser Geraden abweicht, ist länger. In der Geometrie des Schach-Universums gibt es mehr als nur einen kürzesten Weg zwischen nicht benachbarten Feldern. Darunter kann auch ein Zickzackkurs sein oder ein dreieckiger oder bogenförmiger Pfad.

Haben Sie Lust, selbst einmal die Geometrie des Schachs zu erforschen? Dann können Sie das mit folgendem Schachproblem von Artur Mandler aus dem Jahr 1931 tun.

Weiß ist am Zug und soll gewinnen! Mit welcher Zugfolge kann er das schaffen?

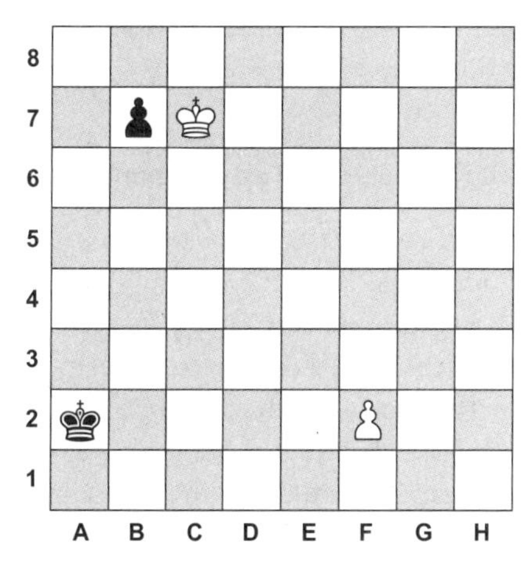

EIN EINZIGER AIDS-TEST REICHT NIE ZUR GEWISSHEIT

Der Welt-Aids-Tag geht zu Ende – ein Tag, an dem wieder viel zu lesen war über das HI–Virus und seine Folgen. Das grobe Fazit: Wer einmal infiziert ist, kann trotz neuer Forschung bis heute nicht geheilt werden. Wer Glück hat, lebt in einem hoch entwickelten Land, in dem es Medikamente gibt, die die Symptome über viele Jahre unterdrücken.

Die meisten der weltweit etwa 35 Millionen Infizierten (Zahlen der Weltgesundheitsorganisation WHO) haben keinen Zugang zu einer solchen Therapie. Und mehr als die Hälfte von ihnen weiß noch nicht einmal von dem Virus, das in ihrer Blutbahn zirkuliert. Selbst wenn sie es wüssten: Eine Chance auf Hilfe hätten sie kaum.

In Deutschland kann hingegen jeder, der will, einen HIV-Test machen – anonym und kostenlos. Ohne Anlass, ohne Begründung. Hierzulande lebten nach Angaben des Robert-Koch-Instituts Ende 2013 rund 80 000 Menschen mit HIV. Mehr als 3000 stecken sich trotz Aufklärung, Aids-Tests und Safer Sex jährlich an.

Wer zum HIV-Test geht, sollte allerdings einiges über die Mathematik dahinter wissen.

Wie gut und genau sind die Testverfahren?

Für Aids gibt es zwei Arten von Tests, nämlich Suchtests und Bestätigungstests. Wer in Deutschland einen normalen HIV-Test macht (sinnvoll erst zwölf Wochen nach einer Risikosituation), dem wird Blut abgenommen, das ins Labor geschickt wird. Meist wird dann zuerst ein Test nach dem Elisa-Verfahren (die Abkürzung steht für *enzyme-linked immunosorbent assay*) gemacht, ein sogenannter Suchtest. Solche Tests haben zum Ziel, aus einer beliebig zusammengesetzten Gruppe möglichst alle Personen zu erkennen, die eine bestimmte Eigenschaft haben – im Fall von Elisa sind das Antikörper gegen HIV.

Wenn jemand infiziert ist, sollte der Test mit sehr hoher Wahrscheinlichkeit ein positives Testergebnis liefern. Diese Wahrscheinlichkeit nennt man die *Sensitivität des Tests*.

Beim Elisa-Test liegt die Sensitivität bei 99,7 Prozent. Dies bedeutet, dass mit dieser Methode nur 3 von 1000 tatsächlichen HIV-Infektionen unentdeckt bleiben. Die *Spezifizität des Elisa-Tests*, also die Wahrscheinlichkeit, bei Nichtinfektion ein negatives Testergebnis zu bekommen, beträgt 98,5 Prozent.

Wer einen ersten HIV-Test hat machen lassen und nun erfährt, dieser sei positiv, will aber vor allem eines wissen: Wie sicher ist die Diagnose? Gibt es noch eine Chance auf einen Irrtum?

Die Antwort: Ja, eine recht hohe Chance sogar – aus mathematischer Sicht. Deshalb wird in Deutschland auch üblicherweise niemandem ein positives Elisa-Ergebnis mitgeteilt, ehe nicht ein zweiter Test zur Bestätigung durchgeführt wurde.

Die Wahrscheinlichkeit, mit der eine im ersten Schritt positiv getestete Person tatsächlich HIV hat, nennen Mediziner – und wir Mathematiker – den *positiv prädiktiven Wert*. Der hängt davon ab, wie verbreitet eine Krankheit in der getesteten Gruppe ist. Den Grad der Verbreitung nennt man die *Prävalenz der Krankheit*.

Die Wahrscheinlichkeit, dass sich ein erstes positives Testergebnis im zweiten Schritt bestätigt, ist dort höher, wo die Krankheit häufiger ist.

Eine Beispielrechnung für Deutschland

In Deutschland beträgt die Prävalenz für HIV in der Bevölkerung etwa 0,1 Prozent: Im Schnitt ist eine von tausend Personen mit dem Virus infiziert.

Nehmen wir nun also an, das Blut einer zufällig ausgewählten Person hierzulande wäre nach dem Elisa-Verfahren positiv auf HIV getestet worden. Wie hoch wäre der *positive prädiktive Wert?*

Ermittelt werden kann der mit der Formel von Bayes. Alternativ lässt sich die Wahrscheinlichkeit aber auch in einem kleinen Gedankenexperiment bestimmen. Stellen wir uns dazu vor, eine repräsentative Gruppe von einer Million Personen werde nach Elisa getestet. 1000 davon sind tatsächlich mit HIV infiziert und 999 000 nicht. Von den 1000 Betroffenen werden 997 ein positives Testresultat erhalten. In der Gruppe der Nichtinfizierten werden im Schnitt von je 1000 nur 15 ein positives Testresultat bekommen, also 15×999=14 985 unter den 999 000.

Zusammengenommen haben wir also 997+14 985= 15 982 Personen mit positivem Testergebnis. Aber nur 1000 tragen den Erreger wirklich in sich. Mit anderen Worten: Nur etwa eine von 16 der positiv getesteten Personen hat im Durchschnitt HIV. Das sind nur etwa 6 Prozent.

Für viele Menschen ist dieses Ergebnis sehr überraschend. Immerhin sind *Sensitivität und Spezifizität* des Tests sehr hoch. Was allerdings dabei nicht bedacht wird, ist die Tatsache, dass die *Prävalenz* der Krankheit in Deutschland sehr niedrig ist. Insofern ist es bei positivem Testresultat immer noch wahrscheinlicher, dass sich der Test geirrt hat, als dass eine Infektion vorliegt.

Weil das so ist, wird in Deutschland einem Patienten ein positives HIV-Testergebnis erst dann mitgeteilt, wenn sowohl der Suchtest als auch der Bestätigungstest den Befund bestätigt haben. So ein zweiter Test wird immer gemacht. Das ist gesetzlich vorgeschrieben.

Dazu wird der sehr aufwändige Western-Blot-Test verwendet, um falsch-positive Resultate auszuschließen. Dieser hat eine *Spezifizität* von 99,99 Prozent und eine *Sensitivität* von etwa 80 Prozent.

Wer nach beiden Testverfahren mitgeteilt bekommt, mit HIV infiziert zu sein, der hat dann nur noch eine sehr geringe Chance auf einen Irrtum. Nach derselben Berechnungsmethode und zwei positiven Tests ergibt sich eine Infektionswahrscheinlichkeit von 99,8 Prozent.

VERKNOTETE KETTE? DA HILFT MATHEMATIK

Ketten, von Perlenketten bis Lichterketten, haben die unangenehme Angewohnheit, sich heillos zu verknoten, egal wie sorgsam sie zusammengelegt und verstaut wurden. Intuitives Entwirren hilft in diesem Fall wenig, nervöses Herumzerren macht es noch schlimmer. Gut aber, wenn ein Mathematiker zur Stelle ist. Denn Knoten sind ein Fall für die Mathematik.

Es gibt sogar eine ganz ausgefeilte mathematische Knotentheorie. Sie hat enorm interessante Eigenschaften vom Krawatten- bis zum Seemannsknoten zutage gefördert.

Zum Beispiel, dass ich jede geschlossene und entwirrbare Kette – deren Schlaufen also nicht ineinander verschlungen sind – mit (eventuell mehrfacher Anwendung von) nur drei verschiedenen Manövern, den Reidemeister-Bewegungen, entwirren kann. Das sind die folgenden:

- (I) Man kann eine Schlaufe entfernen oder hinzufügen.
- (II) Man kann eine Kreuzung entfernen oder hinzufügen.

– (III) Man kann einen Strang des Knotens von einer Seite einer Kreuzung auf die andere legen.

Ins Schematische übersetzt sieht das dann so aus:

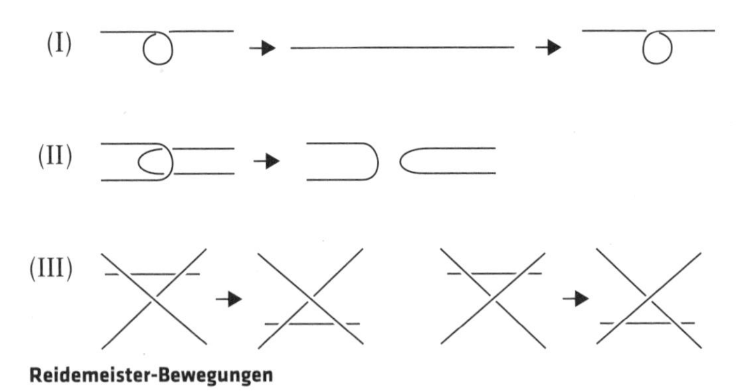

Reidemeister-Bewegungen

Das ist im Wesentlichen der Inhalt des Reidemeister-Theorems. Es geht zurück auf den deutschen Mathematiker Kurt Reidemeister (1893–1971), der es 1926 bewies. 1933 wurde er nach der Machtübernahme der Nationalsozialisten aus seinem Professorenamt entlassen.

Ist die folgende Kette – aus einer wissenschaftlichen Arbeit von Louis Kauffman und Sofia Lambropoulou – heillos verknotet, oder kann man sie zu einem geschlossenen Schnurring entwirren?

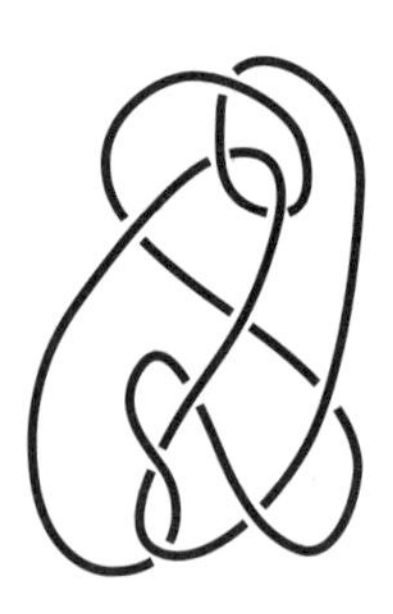

Hier die Antwort:

Man kann die Kette tatsächlich aufdröseln. Die folgende Abbildung zeigt die einzelnen Reidemeister-Manöver:

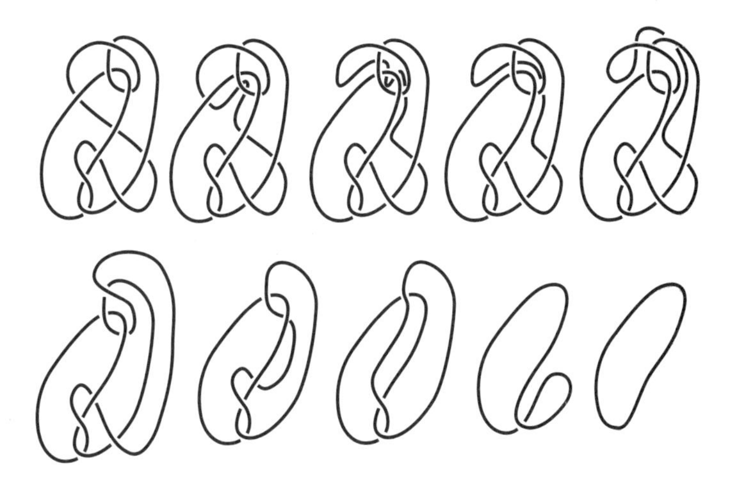

Wenn Sie es nicht glauben, können Sie den Knoten auch mit einem längeren Faden auf einem Tisch selbst auslegen, ihn dann aufnehmen und sehen, wie er zu einem Ring wird.

Was sich mit der Knotentheorie noch anfangen lässt? Zum Beispiel das Universum erklären mit der String-Theorie, nach der unsere Welt nicht aus winzigen kugelförmigen Elementarteilchen in drei Dimensionen besteht, sondern aus noch winzigeren, teils geschlossenen, teils verknoteten Energiefäden (Strings) in zehn Dimensionen.

Die String-Theorie ist ein Produkt der großen Suche nach der Weltformel, der vereinheitlichten Theorie aller Elementarteilchen und aller ihrer Wechselwirkungen. Die Knotentheorie hilft, die komplexen Eigenschaften der Strings zu verstehen.

Nach Ansicht des Nobelpreisträgers David Gross von der

University of California, Santa Barbara, an der ich das Glück hatte, mich in den letzten beiden Jahren zehn Monate zu Forschungszwecken aufzuhalten, ist die String-Theorie entweder selbst die Weltformel oder zumindest ein sehr wichtiger Schritt dorthin.

Zugabe: Sollte obiges Beispiel zu schwer sein, können Sie auch über folgendes Gewirr nachdenken, das praktisch mit bloßem Auge entwirrt werden kann.

WIE VIELE WÖRTER KANNTE SHAKESPEARE?

«Nach Gott hat Shakespeare am meisten geschaffen», sagte einst sein Schriftstellerkollege Alexandre Dumas (selbst nicht gerade unkreativ). Und in der Tat: Shakespeare hinterließ ein gewaltiges Œuvre. Er benutzte darin 31 534 *verschiedene* Wörter seines Wortschatzes. Daran anknüpfend, gilt unsere Neugier jetzt der Frage: Wie viele Wörter kannte Shakespeare, ohne sie zu verwenden?

Eine Antwort darauf scheint absolut unmöglich. Es ist, als würde ich versuchen, die Anzahl Ihrer bisher nicht geträumten Träume zu errechnen. Trotzdem werden wir gleich Shakespeares Wortschatz mathematisch ermitteln. Aber beginnen wollen wir ganz anders.

Von Schmetterlingen und Wörtern

Um 1940 verbrachte der Biologe Steven Corbet zwei Jahre im asiatischen Urwald, um Schmetterlinge zu fangen. Von 118 Schmetterlingsarten hatte er jeweils nur ein einziges Exemplar gefangen, von 74 Arten zwei Exemplare und so weiter, wie in der folgenden Tabelle angegeben:

k	1	2	3	4	5	6	7	8	9	10	11	12	13	14	15
n(k)	118	74	44	24	29	22	20	19	20	15	12	14	6	12	6

Angenommen, Corbet hätte Sie bitten können, die Zahl neuer, also bisher von ihm nicht gefangener Arten zu schätzen, wenn er für zwei weitere Jahre in den Urwald zurückkehrte.

Die Mathematiker Good und Toulmin beantworteten diese Frage so: Sie nahmen an, dass die Wahrscheinlichkeit, in einem Zeitintervall ein Exemplar einer Art a zu fangen, proportional zur Länge des Zeitintervalls ist, wobei die von Art zu Art variierende Rate von den Häufigkeiten der Arten abhängt. Statistisch gesehen führt diese Annahme auf denselben Zufallsvorgang, den wir in einem früheren Beitrag schon für die Tore während eines Fußballspiels verwendet haben, nämlich die Poisson-Verteilung.

Deshalb ist die Wahrscheinlichkeit, dass eine bestimmte Spezies in der zweiten Zweijahresperiode beobachtet wird, aber nicht in der ersten Periode, gleich e hoch minus m(a) × [1–e hoch minus m(a)], wobei m(a) die mittlere Anzahl gefangener Exemplare der Spezies a pro Zweijahresperiode ist. Diese Produkte muss man über alle Spezies summieren und eine kleine Rechnung ergibt dann als Schätzwert für die Zahl neuer Arten: $n(1)-n(2)+n(3)-n(4)+\ldots=118-74+44-24\ldots=75$.

Bei einer weiteren zweijährigen Expedition könnte Corbet also mit 75 beim ersten Mal noch nicht entdeckter neuer Arten rechnen.

884 647 publizierte Wörter, 14 376 davon nur einmal benutzt

Die Anzahl der Tore eines Teams beim Fußball, die Zahl gefangener Exemplare einer Spezies, die Häufigkeit eines Wortes in einem Text: Statistisch gesehen führt es stets auf die Poisson-Verteilung. Die Methodik lässt sich anwenden, weil Autoren ein persönliches Vokabular haben. Die Häufigkeiten, mit denen beim Schreiben die Wörter des Vokabulars eingesetzt werden, variieren von Autor zu Autor, sind aber für jeden Autor selbst nahezu konstant. Ein Text des Autors kann daher als Stichprobe aus dieser Häufigkeitsverteilung angesehen werden.

So hat der Shakespeare-Forscher Marvin Spivack im Jahr 1968 ermittelt, dass Shakespeare 884 647 Wörter publiziert hat. 14 376 Wörter kamen in seinem Opus nur einmal vor, 4343 Wörter zweimal und so weiter. Hier ist ein Auszug aus Spivacks Tabelle:

k	1	2	3	4	5	6	7	8	9
n(k)	14 376	4 343	2 292	1 463	1 043	837	638	519	430

Angenommen, ganz neue Shakespeare-Werke würden entdeckt, eventuell mit anderen Themen und Inhalten, aber von demselben Umfang wie sein tatsächliches Opus. Dann würden viele der in seinem tatsächlichen Werk verwendeten

Wörter darin wieder auftauchen, aber sicher auch einige neue. Wie viele können wir in diesem hypothetischen Shakespeare-Werk erwarten, die nicht auch schon im tatsächlichen Werk vorkommen? Die Antwort liefert wieder die obige alternierende Schätzfunktion: 14376 − 4343 + 2292 − 1463 + ... = 11430.

Dasselbe Argument kann man mit einem hypothetischen dritten, vierten und so weiter Shakespeare-Werk desselben Umfangs wiederholen. Für jede weitere Stichprobe wird abermals die Zahl der zu erwartenden neuen Wörter berechnet, die noch in keiner der früheren Stichproben aufgetaucht sind. Diese Zahl wird mit jeder weiteren Stichprobe kleiner. Irgendwann, bei hinreichend vielen Wiederholungen, kommen keine neuen Wörter hinzu, da alle Shakespeare bekannten Wörter inzwischen verwendet wurden.

Eine großartige Bestätigung der Theorie

Die Mathematiker Efron und Thisted haben auf diese Weise den Schätzwert von rund 35 000 neuen Wörtern in der zweiten bis letzten Stichprobe errechnet. Zusätzlich zu den 31 534 verwendeten Wörtern kannte Shakespeare demnach rund 35 000 Wörter, die er nicht im Werk benutzte. Sein Wortschatz dürfte also gut 66 500 Wörter umfasst haben. Nicht schlecht, wenn man bedenkt, dass Konrad Adenauer einen Wortschatz von 800 Wörtern gehabt haben soll.

Wenn Sie die für obige Rechnungen nötigen Voraussetzungen hinterfragen sollten: Im Jahr 1985 tauchte ein neues, höchstwahrscheinlich von Shakespeare stammendes Gedicht auf, an dem die obige Methodik getestet werden konnte. Die von der Theorie für dieses Gedicht vorhergesagte Anzahl neuer Wörter traf recht genau zu: eine großartige Bestätigung dieser Theorie.

Ich finde, es ist ein wunderbares Beispiel dafür, wie man

mit Datenkompetenz etwas unmöglich Erscheinendes auf seriöse Weise möglich machen kann, nämlich die Berechnung des Unsichtbaren. Dank der Mathematik.

SCHLAUE SÄTZE ÜBER DIE LIEBE, ÄH… MATHEMATIK

Die Mathematik hat mir bei der für jeden nicht unerheblichen Anstrengung geholfen, einen Platz in der Welt zu finden. Wie die Liebe und die Musik hat Mathematik die Fähigkeit, Menschen glücklich zu machen. Das ist meine ernst gemeinte These. Und meine Erfahrung aus nächster Nähe nach mehr als drei Jahrzehnten intensiver Beschäftigung mit ihr.

So weit diese kleine Hommage an die Königin der Wissenschaften. Der Rest ist eine Collage von Gedanken, die niemand so ausgesprochen hat. Aber immerhin jeweils jemand *fast* so geäußert hat. Und finden Sie nicht, dass so manches davon wahr ist?

Hier ist die kleine Kollektion von Fast-Zitaten:

Mathematik besteht zu drei Vierteln aus Neugier. (Casanova)

Mathematik ist langmütig. Sie ist gütig. Sie ereifert sich nicht. (1 Kor 13,1–13: Das Hohelied der Mathematik)

Mathematik ist eine alte Geschichte mit immer neuen Fortsetzungen. (Daphne du Maurier)

Mathematik ist eine Reise in ein gänzlich neues Leben. (Ernst Bloch)

Was wäre die Mathematik ohne Probleme. (Heinrich Böll)

Ein fröhliches Herz entsteht aus einem Herzen, das von Mathematik brennt. (Mutter Teresa)

Mathematik ist die beständigste Macht der Welt. (Martin Luther King)

Schön ist alles, was man mit Mathematik betrachtet. (Christian Morgenstern)

Auf der Höhe eines Mathematik-Verhältnisses bleibt kein Interesse für die Umwelt übrig. (Sigmund Freud)

Mathe machen bedeutet, dass man niemals «es tut mir leid» sagen muss. (Erich Segal)

Mathematik ist die beste Erfindung der Natur. (Jack Nicholson)

Es gibt eine Zeit für Arbeit, und es gibt eine Zeit für Mathematik. Mehr Zeit hat man nicht. (Coco Chanel)

Mathematik ist das Gewürz des Lebens. Sie kann es versüßen, aber auch versalzen. (Konfuzius)

Die wahre Mathematik beginnt dort, wo keine Gegengabe mehr erwartet wird. (Antoine de Saint-Exupéry)

Mathematik tröstet, wie Sonnenschein nach dem Regen. (Shakespeare)

Denn seit mehr als tausend Jahren hat ein jeder 'mal erfahren: Ganz ohne Mathe kann man nicht durchs Leben gehen. Mathe, ja Mathe ist immer wieder schön. (Heino)

SCHNELLRECHNEN-SCHNELLKURS (TEIL 6)

Im letzten Beitrag zum Schnellrechnen haben wir uns mit der Berechnung der Quadratwurzel beschäftigt, wenn das Wurzelziehen aus einer ganzen Zahl glatt aufgeht. Trifft das nicht zu, ist die Wurzel eine nicht abbrechende, sich nicht wiederholende Ziffernfolge. Dann lässt sich mithilfe einer Dezimalzahl bestenfalls eine Annäherung an die Wurzel erreichen – was oft vollkommen genügt. Wie das rasant und elegant geht, sehen wir heute.

Das folgende Verfahren funktioniert in dem Bereich, für den Sie die Quadrate ganzer Zahlen kennen. Nehmen wir an, das sei der Bereich bis zur Zahl 100. Als konkretes Beispiel berechnen wir die Quadratwurzel zu $y=23$. Die größte Quadratzahl, die kleiner oder gleich y ist, lautet $16=4\times4$.

Bei der gesuchten Lösung steht deshalb eine 4 vor dem Komma. Nennen wir diesen ganzzahligen Anteil z. Wir müssen noch den Nachkommaanteil annähern. Dazu schreiben wir die gesuchte Lösung als $z+e$.

Es ist dann $y=(z+e)\times(z+e)=z\times z+2z\times e+e\times e$.

Da e kleiner als 1 und damit schon recht klein ist, kann $e\times e$ gegenüber den anderen beiden Summanden vernachlässigt werden. Dann ist y also um ungefähr $2z\times e$ größer als die Quadratzahl $z\times z$. Um unsere Rechengeschwindigkeit hoch zu halten, betrachten wir nur drei Werte für e, nämlich 0,25 und 0,5 und 0,75. Für $e=0{,}25$ ist $2z\times e$ einfach die Hälfte von z, für $e=0{,}5$ ist es gleich z, und für $e=0{,}75$ ist es das Eineinhalbfache von z.

Deshalb addieren wir nun zur Quadratzahl $z\times z$ zunächst die Hälfte von z beziehungsweise z beziehungsweise das Eineinhalbfache von z und prüfen, welcher dieser drei Werte am nächsten an y liegt. Der zugehörige Wert für e wird anschließend zu z addiert und ergibt unsere Approximation. Diese ist für die meisten praktischen Alltagszwecke ausreichend.

Nicht schlecht!

Addieren wir also zu 16 jetzt $1/2\times 4=2$ beziehungsweise $1\times 4=4$ beziehungsweise $3/2\times 4=6$, so ergeben sich die Werte 18 beziehungsweise 20 beziehungsweise 22. Der letzte Wert liegt am Nächsten an 23. Der zugehörige Nachkommateil ist $e=0{,}75$ und führt zu unserer Approximation 4,75. Der auf drei Nachkommastellen exakte Wert ist 4,795, sodass der Approximationsfehler geringer ist als 1 Prozent. Nicht schlecht also.

Haben Sie Lust, es einmal selbst auszuprobieren? Was sind die Quadratwurzeln von 85, 56, 77?

DER ANFANG VOM RECHNEN MIT ZUFÄLLEN

Seit Jahrtausenden beschäftigen Menschen sich mit Mathematik. Es begann wohl damit, dass Handel getrieben, Land vermessen und Kalender erstellt wurden – alles Aktivitäten, die in ihrer Ausführung mathematische Fertigkeiten erfordern. Die Mathematik fing also irgendwann mit Arithmetik und Geometrie an. Ihr genauer Ursprung kann nicht datiert werden.

Womit die Mathematiker sich erst sehr viel später beschäftigt haben, ist die wissenschaftliche Untersuchung des Zufalls. Dass die großen Denker ihn lange Zeit aussparten, daran hat auch Aristoteles einen nicht geringen Anteil: Schon vor mehr als 2000 Jahren hatte er dezidiert erklärt, dass das ganze Gebiet der Zufälligkeit keiner Untersuchung zugänglich sei, und zwar wegen prinzipieller und unüberwindbarer Schwierigkeiten. Aristoteles' Autorität war so groß, dass seine Aussage noch im Mittelalter nicht angezweifelt wurde.

Die mathematische Theorie des Zufalls: Wahrscheinlichkeitstheorie

Die ersten mathematischen Untersuchungen zum Zufall und seinen Gesetzmäßigkeiten fanden im Zusammenhang mit Glücksspielen statt. Im 17. Jahrhundert, ausgelöst durch einen Briefwechsel zwischen Blaise Pascal und Pierre de Fermat, wurden so die Grundlagen einer mathematischen Theorie des Zufallsgeschehens gelegt: der Wahrscheinlichkeitstheorie.

Ein Problem spielte dabei eine wichtige Rolle. Es führte unter den Mathematikern jener Zeit zu kontroversen Diskussionen. Zurückverfolgen lässt es sich sogar bis ins 15. Jahrhundert, bis zu Luca Pacioli (um 1445–ca. 1514), einem der bekanntesten Rechenmeister der italienischen Renaissance.

Hier ist das Problem:

Zwei Spieler, A und B, haben einen Einsatz von je 14 Dukaten geleistet. Um den Gesamteinsatz spielen sie ein Glücksspiel, das aus mehreren Runden besteht. In jeder Runde wird durch Wurf einer fairen Münze der Rundensieger bestimmt. A und B haben vereinbart, dass der Erste, der fünf Runden gewinnt, den Gesamteinsatz bekommt. Bei einem Spielstand von 4 : 3 für Spieler A muss wegen höherer Gewalt die Spielserie abgebrochen werden. Was ist die gerechte Aufteilung des Gesamteinsatzes an die beiden Spieler bei diesem Spielstand?

Wie erwähnt, kann man über die Antwort geteilter Meinung sein, wenn sich auch unter Mathematikern schließlich eine Sichtweise mehrheitlich durchgesetzt hat, die auf Pascal und Fermat zurückgeht. Sie basierte auf einem kleinen Gedankenexperiment: Falls B das nächste Spiel gewänne, so hätte er Gleichstand erreicht. In dieser ausgeglichenen Punktesituation ginge dann die Hälfte des Gesamteinsatzes an beide Spieler. Aber B hat ja bei Abbruch nicht Gleichstand erreicht, er hat nur eine Fifty-fifty-Chance darauf, da er dieselbe Chance hat, das folgende 8. Spiel zu verlieren, wie es zu gewinnen. Daher bekommt er nur die Hälfte von der Hälfte der Gesamtsumme, also 1/4. Entsprechend bekommt A 3/4, also dreimal so viel. Der Gesamteinsatz wird also im Verhältnis 3 : 1 zu seinen Gunsten aufgeteilt.

Die Denkweise bei diesem Gedankenexperiment ist insofern bemerkenswert, als sie den möglichen Weiterverlauf der Spielserie in der Zukunft einbezieht.

MENSCHENMASSEN MESSEN

Seit es Menschen gibt, gibt es Menschenansammlungen. In der Bibel ist an einigen Stellen von größeren Massen die Rede, so etwa in Matthäus 14,21, wo berichtet wird, dass Jesus allein mit drei Broten und zwei Fischen 5000 Männer speiste, Frauen und Kinder nicht mitgerechnet. Schon Matthäus ging es also darum, die Größe der Menge zu beziffern.

Wenn Menschen sich versammeln, um ein politisches Statement abzugeben, ist die Größe der Versammlung ein Politikum. Und deshalb auch die Bezifferung dieser Größe. Waren es 100 oder 1000 oder gar 100 000? Die Organisatoren sind daran interessiert, dass die angegebene Zahl so groß wie möglich ist. Mit zunehmender Größe gewinnt ihre Bewegung an zusätzlicher Dynamik, weil Unentschlossene ermutigt werden, sich ihr anzuschließen, Medien intensiver darüber berichten und die Politik gezwungen wird, sie ernst zu nehmen.

Nach Augenschein schätzen ist notorisch fehlerbehaftet

Ihre Gegner sind naturgemäß daran interessiert, die Bewegung zahlenmäßig kleinzureden. Auch die Polizei gibt in der Regel eine Schätzung ab und ist daran interessiert aufzuzeigen, dass ihr Einsatz von Personal und Planung der Größe der Veranstaltung genau angemessen war. Bei der letzten Legida-Demonstration ergab sich nun ein großes Auseinanderklaffen zweier, so ist zu hoffen, um Seriosität bemühter Schätzwerte.

Menschenmassen nach dem Augenschein abzuschätzen ist notorisch fehlerbehaftet. Doch es gibt eine einfache, nach Herbert Jacobs benannte mathematische Methode. Jacobs war Professor für Publizistik an der Universität von Kalifornien in Berkeley. Aus seinem Büro in einem höher gelegenen Stockwerk konnte er in den Sechzigerjahren des Öfteren beobachten, wie sich Studenten auf einem größeren Platz versammelten, um gegen den Vietnamkrieg zu protestieren. Der Platz war in Platten von der Größe etwa eines Quadratmeters eingeteilt.

Um die Gesamtzahl der versammelten Studenten zu ermitteln, zählte Jacobs einfach die Zahl der Studenten auf einigen der gleich großen quadratischen Platten, bildete davon den Durchschnitt und multiplizierte diesen Durchschnitt mit der Anzahl der Platten, die mit Studenten besetzt waren. Mit zunehmender Erfahrung konnte Jacobs ein paar allgemeine Regeln aufstellen: Bei einer geringen Dichte, bei der zwischen den Versammelten ein Abstand von ungefähr einer Armlänge besteht, sollte man im Schnitt mit 1 Person pro 9000 Quadratzentimetern rechnen, bei einer halbwegs engen Aufstellung der Menschen mit 1 Person pro 4000 Quadratzentimetern und bei dicht gedrängter Menschenmenge mit 1 Person pro 2300 Quadratzentimetern.

Wenn die Menschen nicht gleichmäßig dicht stehen, muss man gegebenenfalls das von ihnen bedeckte Terrain grob in mehrere Bereiche gleicher Dichte einteilen. Tut man dies, kann man nach den Erfahrungen von Jacobs mit einer recht präzisen Schätzung der Zahl der Versammelten auf plus/minus 10 Prozent genau rechnen.

Liegt von der betreffenden Versammlung eine von oben aufgenommene Ansicht vor, so legt man über dieses Bild ein auf einer durchsichtigen Folie aufgemaltes quadratisches Gitter und wendet darauf die Methode von Jacobs für den Fall mittlerer Dichte der Personenaufstellung an. So erhält man einen realistischen Schätzwert der Größe der versammelten Menge und wird häufig überrascht sein, wie stark er (meist nach unten) von den interessegeleiteten Schätzungen etwa der Organisatoren oder auch in den Medien abweicht.

KEIN NACHBESSERUNGSBEDARF BEIM SATZ DES PYTHAGORAS!

Mathematik ist für die Ewigkeit. In anderen Disziplinen wirft die nächste Forschergeneration so manches von dem, was die vorhergehende an Ergebnissen zusammengetragen hat, teilweise wieder über den Haufen. Nicht so in der Mathematik. Was einmal richtig gemacht wurde, hat für immer Bestand. Am Satz des Pythagoras gibt es auch nach 2000 Jahren keinen Nachbesserungsbedarf. Er ist ein für alle Mal richtig bewiesen und hat kein Verfallsdatum.

Entsprechend absolut sind die Ansprüche an Beweise in der Mathematik. Vor Gericht gilt eine Tatsache schon als bewiesen, wenn sie «jenseits jedes vernünftigen Zweifels» als wahr gelten kann. In der Mathematik reicht das noch nicht aus. Das folgende Beispiel zeigt, warum Mathematiker so streng sein müssen und nicht etwa einfach nur eine (wenn auch eventuell sehr große) Zahl von Einzelfällen prüfen dürfen, um auf deren Basis zu verallgemeinern.

Betrachten wir einen Kreis mit n beliebigen Punkten auf dem Umfang. Jeder Punkt wird mit allen anderen Punkten durch Strecken verbunden. Keine drei Strecken sollen durch einen Punkt gehen. Die Kreisfläche wird auf diese Weise in Teilgebiete zerlegt. Nennen wir T_n die Anzahl dieser Teilgebiete. Wie groß ist T_n?

Um diese Frage zu beantworten, schauen wir uns die ersten fünf Fälle als Spezialfälle an. Also n=1 bis n=5. In allen Fällen ist T_n eine Zweierpotenz, nämlich 2 hoch (n–1). Auf deren Grundlage könnte man zu einer Hypothese über die generelle Gestalt der Zahlen T_n als Zweierpotenzen kommen. Das scheint bei erstem Nachdenken auch plausibel. Die Vermutung ist aber falsch. Die Zahlen T_n sind, allgemein betrachtet, keine Zweierpotenzen, sondern eine Funktion, in der Terme bis n hoch 4 auftreten. Für n=6 ergeben sich zum Beispiel nicht 32 Teilgebiete, sondern nur 31.

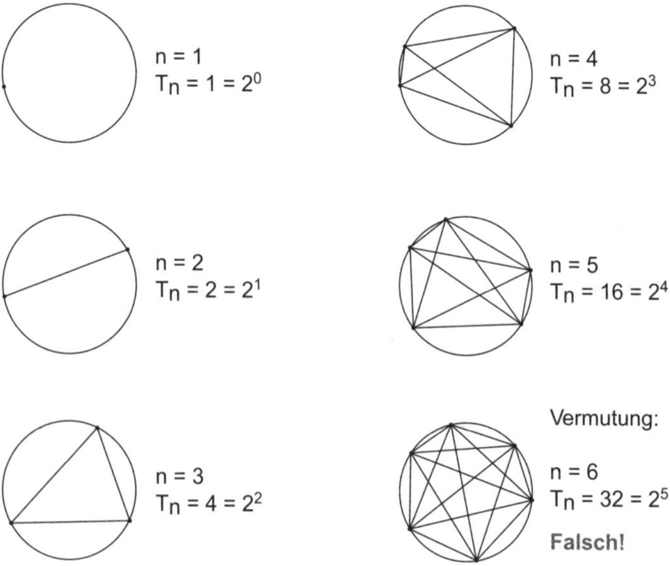

n = 1
$T_n = 1 = 2^0$

n = 4
$T_n = 8 = 2^3$

n = 2
$T_n = 2 = 2^1$

n = 5
$T_n = 16 = 2^4$

n = 3
$T_n = 4 = 2^2$

Vermutung:

n = 6
$T_n = 32 = 2^5$

Falsch!

Richtige Formel: $$T_n = \frac{n^4 - 6n^3 + 23n^2 - 18n + 24}{24}$$

Noch krasser ist es im folgenden Fall:

Aussage: Die Gleichung 313(x hoch 3+y hoch 3)=z hoch 3 hat keine Lösung, ganz gleich, welche natürlichen Zahlen 1, 2, 3, … ich jeweils für x, y, z einsetze. Diese Aussage ist falsch. Doch ich empfehle Ihnen nicht, ein Gegenbeispiel zu finden. Schon beim kleinsten Gegenbeispiel sind fantastischerweise x, y, z jeweils größer als die Zahl 10 hoch 1000. Dieses Gegenbeispiel hätte durch Computersuche nicht entdeckt werden können. Es wurde durch zahlentheoretische Überlegungen bestimmt.

FREITAG DER 13. IST KEIN ZUFALL, SONDERN DIE REGEL

Was haben der Komponist Arnold Schönberg, der Musiker Benny Goodman und der pakistanische Premierminister Malik Khalid gemeinsam? Selbst Quiz-Champions dürften bei dieser Frage ins Schlingern kommen. Die Antwort lautet: Alle drei starben an einem Freitag dem 13. Fast tragisch mutet es an, dass Schönberg eine krankhafte Angst vor solch erklärten Unglückstagen hatte, generell fürchtete er sich vor der Zahl 13. «Paraskavedekatriaphobie» ist der medizinische Begriff dafür. Insofern wundert es mich nicht, dass er die 12-Ton-Musik begründete und nicht etwa die 13-Ton-Musik.

Bei vielen abergläubischen Menschen gilt Freitag der 13. als Unglückstag. Das hat christliche Wurzeln: Jesus starb an einem Freitag und er war nach dem letzten Abendmahl vom Dreizehnten in der Runde, Judas, verraten worden. Schauen wir uns den Tag aber einmal mathematisch an. Sein Auftreten im Lauf der Jahre scheint relativ zufällig, doch gilt es, eine Besonderheit unseres gregorianischen Kalenders zu berücksichtigen, insbesondere die Regel für Schaltjahre: Das Jahr J ist ein Schaltjahr (mit 366 Tagen wegen zusätzlichem 29. Februar), wenn J durch 4, aber nicht durch 100 teilbar ist oder wenn J durch 400 teilbar ist. So ist zum Beispiel 2000 ein Schaltjahr, nicht aber 1900. Die mittlere Länge eines gregorianischen Jahres ist damit gleich 365,2425 Tage und nur geringfügig länger als ein tropisches Jahr, der Zeitspanne von einem Frühlingsanfang (Frühlings-Tagundnachtgleiche) zum nächsten, nämlich 365,2422 Tage.

Da es sieben verschiedene Wochentage gibt und einen vierjährigen Zyklus bei den Schaltjahren, hat der gregorianische Kalender eine 28-jährige Periode. Jedenfalls, wenn man ignoriert, dass drei von vier Hunderterjahren keinen

Schalttag haben. Berücksichtigt man dies, braucht es manchmal 40 Jahre, bis sich der Kalender wiederholt. Beides zusammengenommen führt dazu, dass der gregorianische Kalender eine Periode von 400 Jahren durchläuft. Da 400 Jahre genau 4800 dreizehnte Tage der Monate beinhalten, können darunter nicht alle sieben Wochentage gleich häufig vertreten sein; 4800 ist nicht ohne Rest durch 7 teilbar.

Der nächste vermeintliche Unglückstag ist nicht fern

In der Tat ist es so, dass die Monatsdreizehnten am häufigsten auf einen Freitag fallen, insgesamt 688-mal in 400 Jahren beziehungsweise in 20 871 Wochen. Im Schnitt haben wir also alle 30 Wochen einen solchen Freitag. Am wenigsten oft tritt bei der Kombination von Tag und Wochentag übrigens Mittwoch der 31. auf. Insgesamt nur 398-mal in 400 Jahren oder rund einmal im Jahr. Das ist eine erhebliche Diskrepanz.

Aber wir wollen nicht vom Thema abschweifen, sondern vielmehr fragen, wie das mit den Abständen zwischen den Freitagsmonatsdreizehnten ist. Der kürzeste Abstand zwischen ihnen beträgt vier Wochen. Das kann nur in den Monaten Februar und März in Nichtschaltjahren funktionieren.

Der längste Abstand zwischen zwei solchen Freitagen beträgt übrigens 61 Wochen. Dafür gibt es zwei Fälle: Entweder muss der 13. August ein Freitag und das darauffolgende Jahr ein Schaltjahr sein. Oder der 13. Juli ist ein Freitag und das nächste Jahr kein Schaltjahr. Im ersten Fall ist der 13. Oktober, im zweiten Fall der 13. September des Folgejahres der nächste Freitag, der auch ein 13. ist.

Angesichts dieser Tatsachen ließe sich vermuten, in jedem Jahr würde es mindestens einen Dreizehnten geben, der auf einen Freitag fällt. Und das ist tatsächlich richtig.

Wie aber beweist man das?

Am einfachsten geht das mit der Modularithmetik. Sie ist auch als Uhrenarithmetik zu bezeichnen, im Alltag tritt sie bei den Tageszeiten auf. Zum Beispiel ist 18 Uhr plus 10 Stunden nicht etwa 28 Uhr, sondern 4 Uhr am nächsten Tag. Und 9 Uhr plus 50 Stunden ist 11 Uhr. Wenn also die Zahl 24 dabei überschritten wird, muss 24 vom Zwischenergebnis abgezogen werden, eventuell mehrfach. Das ist die Modularithmetik mit der Grundzahl 24, man rechnet also modulo 24.

Wir werden nun beweisen, dass in jedem Jahr während der Monate Mai bis November die Monatsdreizehnten auf alle sieben Wochentage fallen. Das geht mit Modularithmetik zur Grundzahl 7. Schreiben wir W für irgendeinen Wochentag. Dann soll W+1 den nächsten Wochentag bezeichnen, welcher natürlich derselbe ist wie zum Beispiel W+8. Dann ergibt sich in selbst erklärender Schreibweise:

13. Mai = Wochentag W

13. Juni = Wochentag $W+31=W+4\times7+3=W+3$

13. Juli = Wochentag $W+31+30=W+61=W+8\times7+5=W+5$

13. August = Wochentag $W+31+30+31=W+92=W+13\times7+1=W+1$

13. September = Wochentag $W+31+30+31+31=W+123=W+17\times7+4=W+4$

13. Oktober = Wochentag $W+31+30+31+31+30=W+153=W+21\times7+6=W+6$

13. November = Wochentag $W+31+30+31+31+30+31=W+184=W+26\times7+2=W+2$

Damit sind alle sieben Wochentage vertreten, ganz egal, um welchen Wochentag es sich bei W handelt. Auf «Mathe»: Die sukzessiven Partialsummen modulo 7 enthalten ein vollständiges Restklassensystem.

Doch bevor es zu theoretisch wird, wollen wir mit folgendem Gedankensplitter aufhören: Immer dann, wenn der Monat mit einem Sonntag beginnt, müssen sich Abergläubische für einen Freitag den 13. wappnen. Ich hoffe, diese Tatsache führt nicht zu einer bisher nicht gekannten Angststörung: der Furcht vor dem Sonntagsmonatsersten.

VAROUFAKIS, SPIELTHEORIE UND SCHULDENTILGUNG

Bevor der griechische Finanzminister Yanis Varoufakis als Verwalter von Milliardenschulden sein Amt übernahm und bald schon wieder aufgab, war der studierte Mathematiker Wirtschaftsprofessor mit einem Spezialgebiet in der Spieltheorie. Die umfasst ein mathematisch interessantes Verfahren zur Schuldentilgung, das ein beträchtliches Risiko birgt: sich noch wesentlich stärker zu verschulden. Im Glücksfall aber bekommt man seine Schulden vollkommen erlassen.

Angenommen, Anne schuldet Bert 20 Cent. Sie bietet Bert an, um diesen Geldbetrag zu spielen. Gewinnt sie, sollen ihre Schulden erlassen sein. Verliert Anne, dann werden ihre Schulden auf 1 Euro ansteigen. Konkret können es natürlich statt 20 Cent auch 200 Euro sein, die Anne Bert schuldet. Dann steht 1 Euro symbolisch für 1000 Euro. Für die jeweiligen Schulden schreiben wir allgemein S. Am Anfang ist in unserem überschaubaren Beispiel also S=0,2 Euro.

Anne hat eine Eineuromünze und bietet Bert nun das folgende Spiel zur Schuldentilgung an. Mit der Euromünze soll gezockt werden. Sie wandert zwischen Anne und Bert hin und her, bis einer sie behalten darf. Wer das ist, soll mit der Münze selbst entschieden werden. Es ist derjenige, der zuerst *Kopf* wirft. Das Spiel dazu hat nur zwei Schritte. Allerdings kann es sein, dass diese öfter ausgeführt werden müssen. Denn es kann dauern, bis zum ersten Mal *Kopf* kommt, und keiner der beiden darf vorher aussteigen.

Schritt 1: Es wird geprüft, ob die aktuellen Schulden S, die der Besitzer der Eineuromünze hat, nicht größer als 1/2 sind. (Am Anfang ist das so, denn dann ist wie erwähnt S=0,2. Aber die Schulden können sich während des Spiels ändern, wie wir gleich in Schritt 2 sehen werden.) Ist S höchstens 1/2, wechselt die Münze nicht den aktuellen Besitzer. Dieser darf sie nochmals werfen. Sind die aktuellen Schulden aber größer als 1/2, wechselt der Euro von Anne zu Bert oder umgekehrt, und der neue Besitzer schuldet dem alten dann noch 1–S Euro, was wieder höchstens 1/2 ist. So wird sichergestellt, dass die aktuelle Schuldenhöhe nie größer als 1/2 ist. Aber der Schuldner kann sich im Verlauf des Spiels ändern.

Schritt 2: Wer die Euromünze gerade besitzt, muss sie werfen. Bei *Kopf* hat er Glück. Dann kann er den Euro behalten, seine Schulden sind beglichen und das Spiel ist aus. Bei *Zahl* hat er Pech. Dann werden seine Schulden verdoppelt und das Spielchen geht mit Schritt 1 in die nächste Runde. Es muss gespielt werden, bis *Kopf* kommt.

Wenn also wie im Beispiel am Anfang S=0,2 ist und Anne mit der Münze *Kopf* wirft, dann hat sie Glück und ihre Schulden sind erlassen. Wirft sie dagegen *Zahl*, verdoppeln sich ihre Schulden auf S=0,4. Da dieser S-Wert immer noch kleiner als 1/2 ist, wechselt die Euromünze nicht den Besitzer, sondern Anne darf sie abermals werfen. Bei *Kopf* sind ihre Schulden erlassen, bei *Zahl* verdoppeln sie sich auf S=0,8. Dieser Wert ist größer als 1/2. Also geht die Münze in den Besitz von Bert über, doch der hat nun S=1–0,8=0,2 Euro Schulden bei Anne. Wirft Bert jetzt *Kopf*, darf er die Münze behalten und seine Schulden sind erlassen. Bei *Zahl* verdoppeln sich seine Schulden und so weiter.

Ist das Spiel fair? Erhält Bert im Schnitt von Anne den Betrag S (also 0,2 Euro), den sie ihm anfangs schuldet?

Wir können das mit einem hübschen Zahlentrick untersuchen. Wir schreiben die Zahl S als Summe von Potenzen von 1/2 auf, wobei jede Potenz höchstens einmal vorkommt. Das ist die Schreibweise von S im Zweiersystem. Sie geht so: $S = s(1) \times 1/2 + s(2) \times 1/4 + s(3) \times 1/8 + \dots$

Wer den Euro besitzen wird, entscheidet die Münze

Die Zahlen s(1), s(2), s(3), ... in dieser Formel sind alle entweder 0 oder 1. Die Entscheidung über den endgültigen Besitzer der Münze fällt im n-ten Münzwurf, wenn in den ersten $n-1$ Würfen immer *Zahl* gekommen ist und erst im n-ten Wurf *Kopf* erscheint. Die Wahrscheinlichkeit dafür ist 2 hoch minus n.

Was muss passieren, damit Bert den Euro direkt vor dem n-ten Wurf besitzt? Die Frage lässt sich mit der Schreibweise im Zweiersystem beantworten. Erstens: Die Verdopplung von S auf 2S entspricht dem Streichen von s(1) in der Ziffernfolge s(1), s(2), s(3), ... Zweitens: Der Besitzerwechsel des Euro ändert den Wert der Schulden von S auf $1-S$ und damit jede obige Ziffer s(n) zu $1-s(n)$. Daraus kann man schließen: Bert besitzt die Münze vor dem n-ten Wurf genau dann, wenn $s(n)=1$ ist. Hier angekommen, ist der Rest einfach.

Man kann nämlich die Wahrscheinlichkeit, dass Bert im n-ten Wurf Glück hat und die Münze danach ihm gehört, als einfaches Produkt s(n) mal 2 hoch minus n schreiben. Die Wahrscheinlichkeit, dass die Entscheidung irgendwann zugunsten von Bert fällt, ist entsprechend die Summe all dieser Produkte für alle Würfe $n=1, 2, 3, \dots$. So kommt man zur obigen Formel und somit zur Wahrscheinlichkeit S.

Damit sind wir fast fertig: Bert erhält entweder den Euro von Anne oder nicht. Er bekommt ihn mit Wahrscheinlichkeit S. Der Erwartungswert des Geldbetrages, den Anne bei diesem Spiel an Bert zahlt, ist deshalb $1 \times S + 0 \times (1-S) = S$. Das sind genau die Schulden, die Anne bei Bert anfangs hatte.

Insofern ist das von Anne vorgeschlagene Spiel für die Begleichung ihrer Schulden im Schnitt fair, obwohl es ein risikobehaftetes Glücksspiel ist. Ob es sich allerdings um ein geeignetes Mittel zur Lösung des griechischen Schuldenproblems handelt, wage ich zu bezweifeln.

GIBT ES EINEN SCHATTEN HINTER DEM SCHATTEN?

«Wo Licht ist, ist auch Schatten», sagt der Volksmund. Und damit ist doch eigentlich alles gesagt. Leider nicht. Da gibt es ein Problem. Und Sie, liebe Leser, müssen am Ende helfen.

Zunächst lassen sich nach Art präziser mathematischer Sätze einige Grundtatsachen über Schatten festhalten:

- Satz 1: Ein Objekt X kann nur dann einen Schatten werfen, wenn Licht direkt auf X fällt.
- Satz 2: Ein Objekt X kann seinen Schatten nicht durch ein lichtundurchlässiges Objekt Y hindurch werfen.
- Satz 3: Jeder Schatten ist der Schatten von irgendetwas.

Das sind offensichtliche Tatsachen über Schatten, an denen nicht zu rütteln ist. Doch betrachten wir nun einmal die folgende Situation: Nehmen wir an, ich stehe an einer Bushaltestelle. Die Sonne scheint und mein Schatten fällt auf den Gehweg. Dann kommt ein (lichtundurchlässiger) Schmetterling und fliegt durch den von mir von der Sonne abgeschirmten Bereich. Ganz so, wie es diese Zeichnung von Alex Balko zeigt:

Damit haben wir schon die ersten Fragen. Wie sieht es in dem kleinen Teil meines Schattens direkt hinter dem Schmetterling aus? Verstärkt sich dort mein Schatten, wie im Bild gezeichnet? Oder ist dort überhaupt kein Schatten vorhanden? Und wenn dort ein Schatten ist, wer wirft diesen Schatten?

Sie können dies an einem sonnigen Tag mit Ihrem Lieblingsschmetterling leicht überprüfen. Hinter dem Schmetterling gibt es einen Schatten und er ist weder stärker noch schwächer als der Schatten, den ich selbst werfe. Das ist eine Realitätsbeobachtung. Doch unsere mathematische Schattentheorie der obigen Sätze 1–3 sagt: Das geht nicht. Denn nach Satz 3 muss irgendetwas den Schatten hinter dem Schmetterling erzeugt haben. Nach Satz 1 kann ich es nicht gewesen sein, da mein Schatten nicht durch den Schmetterling fallen kann. Nach Satz 2 kann es aber auch der Schmetterling nicht gewesen sein, denn er wird nicht direkt von Licht angestrahlt, weil ich es abschirme. Andere Objekte kommen aber nicht infrage.

Wir haben also einen eklatanten Widerspruch zwischen beobachtbarer Realität und offensichtlich wahrer Theorie. Wie kann man diesen Widerspruch auflösen?

Das ist eine schwierige Frage, auf die ich keine befriedigende Antwort habe. Der Philosoph Roy Sorensen hat es mit einer Art von Blockadetheorie des Schattens versucht, die mit einer Theorie der Kausalität verbunden ist. Danach ist ein Schatten die Abwesenheit von Licht. Er wird durch ein lichtabschirmendes Objekt herbeigeführt. So weit, so gut. Nun aber: Der Schatten erfüllt nach Sorensen den gesamten Raum direkt hinter dem abschirmenden Objekt. Nur der Mensch schirmt in der Zeichnung das Sonnenlicht ab. Der Schmetterling ist kausal nicht involviert und somit gehört der Schatten, auch der hinter dem Schmetterling, gänzlich zum Menschen.

Ist diese Erklärung überzeugend? Ich weiß nicht so recht. Nun sind Sie gefragt.

SCHNELLRECHNEN-SCHNELLKURS (TEIL 7)

Nachdem wir uns in den letzten beiden Schnellkursen zum Schnellrechnen (Teil 5 und 6) mit dem Ziehen von Quadratwurzeln beschäftigt haben, soll es heute um das Ziehen von Kubikwurzeln gehen. Für viele Menschen war das wahrscheinlich bisher recht schwierig, doch mit vedischer Mathematik aus Indien geht es in drei Sekunden.

Unter vedischer Mathematik versteht man ein System von Kopfrechenregeln, das von Bharati Krishna Tirthaji (1884–1960), einem früheren Abt des Klosters Govardhana

Math in Puri, eigener Aussage zufolge aus den Veden herausgearbeitet wurde. Die Veden sind die heiligen Schriften des Hinduismus. Sie werden in der Regel auf etwa 1200 vor Christus datiert. Tirthaji behauptete, dass schon aus dem Rig Veda, der ältesten der heiligen Veden, mathematische Rechentricks abgeleitet werden können. Dann wäre die vedische Mathematik eine der ältesten Rechenkünste überhaupt.

Die vedische Mathematik beruht auf 16 einfachen Grundregeln des Rechnens, die *Sutren* genannt werden; ein Kamasutra der Mathematik gewissermaßen. Die Regeln sind unkonventionell, führen aber zu einer hohen Rechengeschwindigkeit für bestimmte Rechenoperationen, die weitaus größer ist als jene, die man gemeinhin mit den in der Schule unterrichteten Regeln erreicht. Es sind Regeln, mit denen sich selbst einige komplizierte Aufgabenstellungen schnell lösen lassen. Sie werden heutzutage an einigen Universitäten in den USA und Indien in Seminaren unterrichtet.

Dritte Potenzen, leicht gelernt

Wir verwenden jetzt die vedische Mathematik, um zu einer Zahl zwischen 1000 und 1 000 000 ziemlich schnell die Kubikwurzel zu ziehen, wenn wir wissen, dass diese ganzzahlig aufgeht. Die dritten Potenzen der Zahlen von 1 bis 9 können leicht gelernt werden. Sie lauten: 1 hoch 3 = 1, 2 hoch 3 = 8, 3 hoch 3 = 27, 4 hoch 3 = 64, 5 hoch 3 = 125, 6 hoch 3 = 216, 7 hoch 3 = 343, 8 hoch 3 = 512, 9 hoch 3 = 729.

Schaut man sich diese Liste an, erkennt man, dass die Endziffern dieser neun Potenzen allesamt verschieden sind. Wir können also schon allein an der Endziffer der Kubikzahl z hoch 3 die Basis z erkennen. Ordnet man der Zahl z die Endziffer seiner Kubikzahl zu, so ergeben sich die Zahlenpaare (1,1), (2,8), (3,7), (4,4), (5,5), (6,6), (7,3), (8,2), (9,9). Diese Liste kann man sich ganz leicht merken: Bei den beiden extremen Werten 1 und 9 ist das Paar identisch, ebenso bei den mittleren Ziffern 4, 5, 6. Bei den Übrigen findet eine Ergänzung zu 10 statt.

Mit dieser kleinen Beobachtung kommen wir einen großen Schritt weiter. Angenommen, wir haben eine Zahl zwischen 1000 und 1 000 000 vor uns, die Kubikzahl einer zweistelligen Zahl ist. Die Einerstelle finden wir durch Vergleich mit obiger Liste von Paaren. Zum Beispiel führt eine Endziffer 3 bei der Kubikzahl auf eine Einerstelle 7 bei der Basis.

Ist die Einerstelle ermittelt, streicht man von der Kubikzahl die letzten drei Ziffern weg und schaut, welche der obigen Kubikzahlen z hoch 3 gerade noch kleiner ist als die nach Streichung verbleibende Zahl. Dieses z ist dann die Zehnerziffer der zu ermittelnden Kubikzahl.

Zeit für ein Beispiel

Wir zeigen dies exemplarisch an 117 649. Die Endziffer von 117 649 ist 9 und dies führt mit obiger Liste von Paaren auf eine Einerziffer von 9 bei der Basis. Nach dem Streichen der drei Endziffern bleibt 117. Gerade noch kleiner als 117 ist die Kubikzahl 4 hoch 3 = 64, da 5 hoch 3 mit 125 bereits größer ist als 117. Die Zehnerziffer ist also eine 4 und das Ergebnis somit die Basis 49. In der Tat ist 49 × 49 = 2401 und 2401 × 49 = 117 649.

Hier sind einige Beispiele zum selber Experimentieren: 571 787, 2197, 166 375.

Erinnern Sie sich noch an unsere Fairnessformel für das Elfmeterschießen? Sie basierte auf einer seit knapp 100 Jahren bekannten mathematischen Zahlenreihe: der Thue-Morse-Folge. Hier zeige ich Ihnen eine andere Situation, in der sich einfaches Abwechseln als nicht optimal erweist. Um die Situation überschaubar zu halten, beschränken wir uns auf acht Objekte – bunte Bonbons verschiedener Geschmäcker –, die unter zwei Kindern aufgeteilt werden sollen, Anne und Bert.

Anne und Bert erstellen zunächst jeder für sich eine Rangliste der acht Bonbons, je nachdem, wie gern sie ein Bonbon hätten. Wir nummerieren die Bonbons in Annes Rangliste mit 12345678, wobei Bonbon 1 ihr das wichtigste ist und sie es unter allen am liebsten hätte. In dieser Belegung der Bonbons mit Zahlen sei Berts Rangliste 17263485. Annes und auch Berts Toppriorität ist also das Bonbon mit der Nummer 1.

Keiner kennt die Rangliste des anderen. Nur zur Vereinfachung unserer Darstellung haben wir die Bonbons entsprechend Annes Rangliste mit Zahlen benannt. Nehmen wir als Erstes an, Anne und Bert wechseln sich ab beim Wählen je eines Bonbons. Und ferner, dass Anne das Los gewonnen hat: Sie darf als Erste ein Bonbon unter allen auswählen.

Keine Lieblingsbonbons für Bert

Da keiner die Rangliste des anderen kennt, gibt es keinen Ansatz für strategisches Auswählen und es ist für beide optimal, immer wenn sie am Zug sind, das auf ihrer Rangliste höchste noch verfügbare Objekt auszuwählen. Anne wählt also Bonbon 1. Bert wählt 7. Dann gibt es noch die Bonbons 2, 3, 4, 5, 6, 8 zu verteilen. Anne wählt 2, Bert wählt 6. Dann bleiben noch die Bonbons 3, 4, 5, 8. Anne nimmt 3, Bert nimmt 4. Es bleiben noch 5 und 8. Davon greift Anne bei 5 zu und Bert bei 8.

Anne hat also das 1., 2., 3. und 5. Bonbon auf ihrer Liste bekommen. Bert auf seiner Rangliste nur das 2., 4., 6. und 7. Bonbon. Im paarweisen Vergleich schneidet Bert also in allen Fällen schlechter ab. Ist das fair? Nein. Auch hier liegt der Grund wieder in der Reihenfolge, nach der gewählt wird. Einfaches Abwechseln ist eine Form sich beständig verstärkender Benachteiligung des Zweiten gegenüber des zuerst Wählenden. Das wird ganz deutlich, wenn man zum Beispiel eine Anzahl beständig kleiner werdender Kuchenstücke betrachtet. In jeder Runde kann der, der zuerst wählt, ein größeres Stück einheimsen als der andere. Und beim ständigen Abwechseln ist das unfairerweise immer ein und dieselbe Person. Aber das muss ja nicht sein.

Greifen wir wieder auf die Thue-Morse-Folge zurück: A, B, B, A, B, A, A, B.

Zuerst wählt Anne, wegen ihres Losglücks, dann wählt Bert zweimal, Anne einmal, Bert einmal, Anne zweimal und abschließend nimmt Bert das letzte Bonbon. Dann bekommt Anne das 1., 3., 4. und 5. Bonbon. Bert bekommt auf seiner Rangliste das 2., 3., 4. und 7. Bonbon. Das ist wesentlich fairer. Also noch einmal und zur Bestärkung: Es muss endlich Schluss sein mit schlichtem Hin und Her. Es lebe das ausgewogene Abwechseln nach Thue-Morse.

EINUNDZWANZIG ODER ZWANZIGEINS?

Wie selbstverständlich lesen wir eine Zahl und verstehen die Information, die in ihr steckt. Nehmen wir eine 8: Wir sehen die endlos geschwungene Linie und wissen, mit welcher

Mengenangabe wir es zu tun haben. Menschen, die unter Dyskalkulie leiden, können das nicht. Die Rechenschwäche verhindert, dass sie mehr in der 8 sehen als nur das Symbol. 5 bis 10 Prozent der Bevölkerung sollen von diesem Handicap betroffen sein. Inge Palme vom Landesverband Legasthenie und Dyskalkulie schätzt sogar, dass in Deutschland etwa 5 Millionen Kinder mehr oder weniger stark von Rechenschwäche betroffen sind.

Hierzulande macht es die Sprache diesen Kindern zusätzlich schwer: Unsere deutsche Sprechweise der Zahlen ist komplizierter als in anderen Sprachen und ziemlich altmodisch. Ein Beispiel: Die Zahl 21 etwa wird entgegen der Reihung der Ziffern als «einundzwanzig» gesprochen, obwohl die 2 in Leserichtung vor der 1 steht. Im Deutschen – wie in nur ganz wenigen anderen Sprachen – hat sich diese antiquierte Sprechweise bis heute erhalten. Im Englischen etwa gab es schon im 16. Jahrhundert eine Reform, mit der auf «twenty-one» (zwanzigeins) umgestellt wurde. In Norwegen wurde 1951 im Parlament einstimmig die unverdrehte Sprechweise eingeführt.

Die gegenüber der indisch-arabischen Ziffernschreibweise verdrehte Lesart der Zahlen stammt aus indogermanischen Wurzeln und reicht vier Jahrtausende zurück. Damals wurden Einer mit einem Strich (I) und Zehner mit einem Kreuz (X) geschrieben: Das Symbol IIIIXX wurde dementsprechend als vierundzwanzig ausgesprochen.

Als die indisch-arabischen Zahlzeichen um das 11. Jahrhundert nach Europa kamen, blieb diese Reihenfolge erhalten. Noch krasser ist die Situation bei mehrstelligen Zahlen. Nehmen wir einmal die Ziffernfolge 98 765. Im Deutschen spricht sich diese Zahl als achtundneunzigtausendsiebenhundertfünfundsechzig. Geht man ins Detail, so sieht man, dass in Leserichtung zuerst die Ziffer in Position 2 gesprochen wird. Dann springt man zur Position 1, anschließend muss man von vorne in die Mitte springen, dann ans Ende und von dort zurück nach Position 4. Es ist ein verwirrendes Hin und Her, das nicht nur Ausländern, die die deutsche Sprache lernen wollen, sondern auch vielen Deutschen Schwierigkeiten macht. Wie übersichtlich ist dagegen das Englische, das in Übersetzung folgendermaßen lautet: neunzigachttausendsiebenhundertsechzigfünf. Kurz und knapp und unverwirrend. Das sehe ich als eine Verbesserung an. Mehr noch: Ich kann keinen Vorteil unserer Vorgehensweise erkennen.

Übrigens wurde schon vor 500 Jahren eine große Chance zur Entwirrung unserer Zahlenlandschaft vertan. Der Rechenmeister Adam Riese hatte 1522 ein Buch zum schriftlichen Rechnen verfasst und darin angeregt, 6789 als sechstausendsiebenhundertachtzehnneuneins zu sprechen. Das hat sich allerdings in Deutschland nicht durchgesetzt. In China und in Japan dagegen sehr wohl.

Interessanterweise haben Studien gezeigt, dass chinesische Kinder im Alter von vier Jahren im Schnitt schon bis 50 zählen können, während gleichaltrige Kinder hierzulande es im Mittel nur bis 15 schaffen. Und da wir gerade bei diesem Thema sind: Kindern, die sich im Deutschen schwertun im Rechnen, fällt es viel leichter im Englischen. Das sind starke Indizien für die These, dass die sprachliche Strukturierung des Zahlenraums die Leichtigkeit des Zurechtfindens in ihm beeinflusst.

Ich plädiere hier nicht für die Abschaffung unserer traditionellen Zahlensprechweise. Aber was spricht dagegen, beide Varianten nebeneinander zu erlauben? Verwechslungsmöglichkeiten dürften gering sein, schließlich sind beide hinreichend voneinander abgegrenzt.

Ostern ist nicht nur das größte Fest der Christenheit, sondern auch ein beweglicher Feiertag; anders als Weihnachten fällt er nicht jedes Jahr auf das gleiche Datum. Die Kirche hat auf dem Konzil von Nicäa im Jahr 325 Ostern auf den ersten Sonntag festgelegt, der dem ersten Vollmond nach der ersten Tagundnachtgleiche des Jahres folgt. Hört sich kompliziert an. Und ist es auch. Weil auf diese Weise die Lage des Ostersonntags auf die mittlere Bewegung der Erde um die Sonne und die des Mondes um die Erde bezogen wird.

Wie sieht es mathematisch aus? Gibt es eine Formel, mit der sich das Osterfest leicht berechnen lässt? Mit dieser Frage hat sich schon Carl Friedrich Gauß (1777–1855) beschäftigt. Gauß war erst 23 Jahre jung, als er seine Osterformel in der Zeitschrift *Monatliche Correspondenz zur Beförderung der Erd- und Himmelskunde* vom August 1800 veröffentlichte. Um sie auszuführen, muss man nur die Division mit Rest beherrschen, die man mit dem mathematischen Zeichen «mod» (gesprochen modulo) leicht erfassen kann. Zum Beispiel ist $17 \bmod 4 = 1$, da 17 geteilt durch 4 den Rest 1 ergibt. Für den Algorithmus von Gauß braucht man nur die Jahreszahl J. Mit ihr wird zunächst schrittweise berechnet:

$A = J \bmod 19$

$B = J \bmod 4$

$C = J \bmod 7$

$D = (19 \times A + M) \bmod 30$

$E = (2 \times B + 4 \times C + 6 \times D + N) \bmod 7$

Hierbei sind M und N Konstanten, die von Jahrhundert zu Jahrhundert variieren. Für den Zeitraum 2000–2099 gelten die Werte $M = 24$ und $N = 5$.

Hat man auf diese Weise D und E berechnet, so ergibt

sich das Datum des Ostersonntags als der (22+D+E)-te März, wobei der 32. März natürlich der 1. April ist usw.

Bis auf einige wenige Ausnahmen ermittelt diese Formel die Vorgaben des Konzils von Nicäa präzise. Eine Ausnahme ist diese: Ergibt sich mit der Formel der 26. April, dann ist Ostersonntag nicht an diesem Tag, sondern am 19. April. Im Intervall von 2000–2099 tritt dieser Fall nur im Jahr 2076 auf. Eine andere Ausnahme: Ist $D=28$, $E=6$ und zusätzlich noch $11\times M+11 \bmod 30<19$, so ist statt dem aus der Formel errechneten 25. April der 18. April als Ostersonntag festgelegt. Im genannten Intervall tritt diese Ausnahme nur 2049 ein.

Prüfen wir dieses Rezept einmal für 2016.

Wegen $2016=19\times 106+2$ ist $A=2$.

Wegen $2016=4\times 504+0$ ist $B=0$.

Wegen $2016=7\times 288+0$ ist $C=0$.

Wegen $19\times A+M=19\times 2+24=62=30\times 2+2$ ist $D=2$.

Wegen $2\times B+4\times C+6\times D+N=2\times 0+4\times 0+6\times 2+5=17 =7\times 2+3$ ist $E=3$.

Für Ostersonntag 2016 ergibt die Formel somit den (22+2+3)-ten, also den 27. März. Und das stimmt haargenau.

FUSSBALLER SIND SCHWARMINTELLIGENT

Ein Elfmeter ist für Fußballfans der reinste Nervenkitzel. Mathematisch betrachtet ist es ein Zwei-Personen-Nullsummenspiel, also ein Spiel, bei dem die Summe der Gewinne und Verluste beider Spieler zusammengenommen gleich null ist. Ein Erfolg für den Schützen bedeutet zwangsläufig eine Niederlage für den Torwart und umgekehrt. Mathematisch gesprochen: $+1-1=0$.

Wer als Sieger hervorgeht, hängt entscheidend davon ab,

auf welche Seite des Tors der Schütze zielt, und davon, ob der Torwart die Seite gerochen hat. Würde ein Spieler erfahrungsgemäß immer nur in die gleiche Hälfte des Tors schießen, so hätte der Torwart sehr gute Chancen, den Ball zu bekommen. Was also ist für Schütze und Torwart die optimale Taktik?

Mit solchen Fragen befasst sich das mathematische Feld der Spieltheorie, mit der sich der Mathematiker John Nash, bekannt aus dem Film *A Beautiful Mind*, intensiv beschäftigt hat. Seine berühmteste wissenschaftliche Arbeit behandelt das heute so bezeichnete Nash-Gleichgewicht, dessen Existenz John Nash 1950 in seiner Doktorarbeit bewies. Und mit ebendiesem Nash-Gleichgewicht lässt sich auch die optimale Taktik beim Elfmeter beschreiben:

Der Schütze schießt entweder nach rechts, links oder in die Mitte. Der Torhüter springt entweder nach rechts, links oder bleibt in der Mitte. Bei beiden kommt die Mitte im realen Fußball selten vor. Deshalb vereinfachen wir das Modell wie folgt: Ein Schütze schießt entweder mit rechts oder links. Schießt er mit rechts, ist es für ihn leichter, auf die vom Torwart aus gesehen rechte Seite oder in die Mitte zu schießen, als auf die linke Seite. Wir fassen rechte Seite plus Mitte zur «leichten» Seite (L) des Schützen zusammen. Die verbleibende linke Seite ist für den Schützen die schwere Seite (S).

Bei Schützen, die vorzugsweise mit dem linken Fuß schießen, drehen sich leichte und schwere Seite entsprechend um. Die Wahrscheinlichkeit w, dass der Schütze ein Tor macht, hängt nun erstens davon ab, ob er auf die für ihn leichte oder schwere Seite schießt, und noch mehr davon, ob der Torhüter sich in die vom Schützen gewählte Richtung wirft.

In einer detaillierten Studie, die insgesamt 1417 in verschiedenen europäischen Ligen geschossene Elfmeter beinhaltet, ergaben sich diese Erfolgswahrscheinlichkeiten der Schützen in Prozent: w(S, S)=58,3 und w(L, L)=69,9 und w(L,S)=92,9 und w(S,L)=95,0. Das liest sich so: Die Torwahrscheinlichkeit ist mit 58,3 Prozent dann am niedrigsten, wenn der Schütze in seine schwere Ecke schießt und der Torhüter in dieselbe Ecke (S) springt.

Was sind nun also die optimalen Strategien? Wohin soll der Schütze schießen? Wohin soll der Keeper springen?

Wir sagen, der Schütze wählt Strategie p, wenn er mit Wahrscheinlichkeit p auf seine leichte Seite schießt und mit Wahrscheinlichkeit 1−p auf seine schwere Seite. Entsprechend sagen wir, dass der Keeper Strategie q wählt, wenn er mit Wahrscheinlichkeit q in die leichte Ecke springt und mit Wahrscheinlichkeit 1−q in die schwere Ecke.

Der Schütze versucht natürlich die erwartete Torwahrscheinlichkeit zu maximieren, während der Torhüter gleichzeitig versucht, diese zu minimieren. John Nash hat nun bewiesen, dass bei diesen und vielen anderen Spielen ein Nash-Gleichgewicht existiert, also ein Strategiepaar p und q für Schütze und Torhüter, bei dem es keinem der Beteiligten einen Vorteil bringt, von seiner Strategie abzuweichen, solange der andere an seiner Strategie festhält.

Das Nash-Gleichgewicht beschreibt also das Optimale, was für beide erreichbar ist. Für die genannten Torwahrscheinlichkeiten gibt es ein Nash-Gleichgewicht bei den Strategien p=61,5 Prozent und q=58,0 Prozent. Das heißt, im Schnitt sollte der Schütze in 61,5 Prozent der Fälle auf die leichte Seite schießen und der Keeper sich in 58,0 Prozent der Fälle in die leichte Ecke werfen.

Geradewegs faszinierend ist es nun, dass sich bei der Auszählung der 1417 Elfmeter in der angesprochenen Studie ergab, dass die tatsächlichen Prozentanteile bei p=60,0 und bei q=57,7 lagen. Elfmeterschützen und Torhüter als Gruppe betrachtet treffen also ihre jeweiligen theoretischen

Optimalstrategien sehr genau. Was uns beweist: Fußballer sind schwarmintelligent.

EIN MATHE-TRICK FÜR FAULE ZAUBERER

Mathematik ist zauberhaft. Und zwar auf ganz vielfältige Weise. Nicht zuletzt kann man mit Mathematik selbst zum Zauberer werden, denn viele Zauber- und Kartentricks basieren letztlich auf mathematischen Prinzipien. Der amerikanische Mathematiker Charles Sanders Peirce (1839–1914) hat sich seinerzeit den wohl kompliziertesten Kartentrick ausgedacht, der je entwickelt wurde. Aber Magie mit Mathematik geht auch einfacher.

Der Kartentrick von Peirce basierte auf dem kleinen Satz von Fermat, gemäß dem für jede Primzahl p und jedes ganzzahlige a die Zahl a hoch p minus a immer ein Vielfaches von p ist. Für die Vorführung des Tricks wurden zwei Kartenstapel so geordnet, dass eine bestimmte, nicht ganz einfache Beziehung zwischen beiden Anordnungen bestand. Dann wurde der erste Stapel gemischt und der zweite Stapel abgehoben. Und siehe da, die Beziehung zwischen beiden Anordnungen blieb erhalten. Der Trick war so komplex, dass Peirce allein 13 Druckseiten benötigte, um seine Durchführung zu beschreiben. Für die Erklärung der Funktionsweise waren sogar 52 Seiten nötig. Seine Wirkung auf das Publikum blieb trotz des enormen Aufwandes wohl eher bescheiden.

Ich zeige Ihnen heute einen Trick für faule Zauberer: Er ist ganz einfach und kommt trotzdem meist ziemlich gut beim Publikum an.

Durchführung: Die Zahlen 1 bis 16 werden fortlaufend in vier Zeilen zu je vier Zahlen untereinander aufgeschrieben. Die erste Zeile besteht also aus den Zahlen 1, 2, 3, 4 und die vierte Zeile aus den Zahlen 13, 14, 15, 16. Ein Zuschauer wählt nun eine beliebige Zahl aus. Dann wird die Zeile und Spalte, in der sich die gewählte Zahl befindet, gestrichen. Anschließend wählt der Zuschauer unter den verbliebenen Zahlen eine weitere Zahl und abermals werden alle Zahlen in der zugehörigen Zeile und Spalte gestrichen. Dieser Vorgang wiederholt sich, bis der Zuschauer insgesamt vier Zahlen ausgewählt hat. Diese werden vom Zuschauer addiert. Als Summe ergibt sich eine Zahl, die der Zauberer aufgrund seiner «hellseherischen» Fähigkeiten schon am Anfang verdeckt auf einen Zettel geschrieben und in einen Briefumschlag gesteckt hat.

Im folgenden Beispiel wählte der Zuschauer die Zahlen 7, 1, 12, 14. Die Summe der Zahlen ist 34.

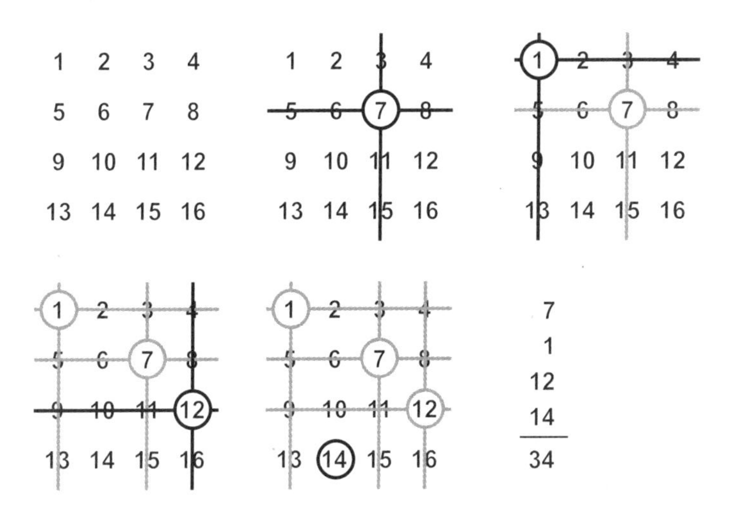

Können Sie erkennen, wie dieser Trick mathematisch funktioniert?

Hier ist ein Tipp: Der Trick hat eine Beziehung zu sogenannten magischen Quadraten. Ein 4×4 magisches Quadrat ist ein Zahlenschema wie oben, wobei aber die Zahlen – anders als im obigen Fall – so angeordnet sind, dass die Summe der Zahlen in jeder Zeile, jeder Spalte und beiden Diagonalen jeweils dieselbe Zahl ergibt. Diese Zahl heißt magische Zahl und ist für ein magisches Quadrat, das aus den Basiszahlen 1 bis 16 besteht $(1+2+3+\ldots+16)/4=(16\times17)/(2\times4)=34$. Es besteht also eine gewisse Verwandtschaft zu unserem Trick.

Das wohl berühmteste magische Quadrat findet sich übrigens in Albrecht Dürers (1471–1528) Kupferstich *Melencolia I*, der vor ziemlich genau einem halben Jahrtausend gefertigt wurde und aufgrund der komplexen Symbolik als Dürers rätselhaftestes Werk gilt. Das magische Quadrat in der oberen rechten Ecke besteht aus den Zahlenreihen:

16	3	2	13
5	10	11	8
9	6	7	12
4	15	14	1

Die letzte Zeile enthält die Zahlen 15 und 14, hintereinander ergeben sie das Jahr der Entstehung des Kunstwerkes. Daneben stehen die Zahlen 4 und 1, die auf Dürers Initialen D und A hinweisen.

Können Sie noch weitere interessante Details dieses magischen Quadrats entdecken?

ANHANG

a. Verwendete und weiterführende Literatur

Achenlohe, A. (2010): Goethes Farbenlehre. Actoid. http://www.actoid.com/web-design/farblichtsehen/Farbgoethe.htm

Ajdacic-Gross, V., Knöpfli, D., Landolt, K., Gostynski, M., Engelter, T., Lyrer, P. A., Gutzwiller, F. & Rössler, W. (2012): Death has a preference for birthdays – an analysis of death time series. Annals of Epidemiology, 22, 8, 603–606

Amengua, P. & Tora, R. (2006): Truels or the survival of the weakest. Arxiv:math/0606181v1

Bennett, J. O., Briggs, W. L. & Triola, M. F. (2002): Statistical Reasoning for Everyday Life. 2. Auflage. Boston, Addison Wesley

Böhme, G. (1980): Ist Goethes Farbenlehre Wissenschaft. Frankfurt a. M., Suhrkamp

Bornemann, R. (2003): Wie sicher ist der HIV-Test? HIV Aids Infos Online, 22, 8. http://praxis-psychosoziale-beratung.de/hiv-22.htm#wiesicheristderHIV-Test

Christakis, N. A. & Fowler, J. A. (2011): Connected: The Surprising Power of Our Social Networks and How They Shape Our Lives. New York, Back Bay Books

Drösser, Chr. (2004): Zwanzigeins in Ost und West. Die Zeit, 16. 9. 2004

Efron, B. & Thisted, R. (1976): Estimating the number of unknown species: How many words did Shakespeare know? Biometrika, 63, 3, 435–437

Feld, S. L. (1991): Why your friends have more friends than you do. American Journal of Sociology, 96, 6, 1464–1477

Geyer, D. (2013): Cheating behavior and the Benford's law. http://www.go-bookee.org/law-firm-log-notes-sample/

Good, I. J. & Toulmin, G. H. (1956): The number of new species, and the increase in population coverage, when a sample is increased. Biometrika, 43, 45–63

Hesse, C. (2009): Wahrscheinlichkeitstheorie. 2. Auflage. Wiesbaden, Vieweg und Teubner

Hesse, C. (2012): Warum Mathematik glücklich macht. 151 verblüffende Geschichten. 5. Auflage. München, C.H.Beck

Joswig, M. (2009): Wer zahlt, gewinnt. Mitteilungen der DMV, 17, 38–40

Kauffman, L. H. & Lambropoulou, S. (2011): Hard Unknots and Collapsing Tangles. Introductory Lectures on Knot Theory. Singapur, World Scientific Press

Littlewood, J. E. (1953): A Mathematician's Miscellany. London, Methuen

Matthews, R. A. J. & Blackmore, S. J. (1995): Why are coincidences so impressive? Perceptual and Motor Skills, 80, 1121–1122

Nigrini, M. J. (1996): A taxpayer compliance application of Benford's law. The Journal of the American Taxation Association, 18, 72–91

Palacios-Huerta, I. (2014): Beautiful Game Theory. How Soccer can help Economics. Princeton, Princeton University Press

Philipps, D. P., van Voorhees, C. A. & Ruth, T. E. (1992): The birthday: lifeline or deadline? Psychosomatic Medicine, 54, 532–542

Pöppe, Chr. (1992): Paradoxes Verhalten physikalischer und ökonomischer Systeme. Spektrum der Wissenschaft, Heft November, 23–26

Randow, G. v. (2006): Denken in Wahrscheinlichkeiten. Reinbek, Rowohlt

Rauner, M.(2003): Mathe sechs, Ehe kaputt. Die Wissenschaft schenkt uns die Differenzialgleichung der Liebe. Zeit Online Wissen, 22.5.2003

Serkh, K. & Forger, D. B. (2014): Optimal schedules of light exposure for rapidly correcting circadian misalignment. PLoS Computational Biology, 10(3): e1003523.doi:10.1371/journal.pcbi.1003523

Simonson, S. & Holm, T. S. (2003): Using a card trick to teach discrete mathematics. Primus, 13, 248–269

Spiegel Online: Mathematiker lüften Geheimnis ewiger Liebe, 13.2.2004

Surowiecki, J. (2007): Die Weisheit der Vielen. Warum Gruppen klüger sind als der Einzelne. München, Goldmann

Thisted, R. & Efron, B. (1987): Did Shakespeare write a newly discovered poem? Biometrika, 74, 3, 445–455

b. Bildnachweis

Die beiden Zeichnungen auf den Seiten 71 und 124 stammen von Alex Balko. Die übrigen Grafiken wurden von Vlad Sasu erstellt.

Das Autorenfoto stammt von Ivo Kljuce.

c. Dank

Ich danke der Mathematik, die mir nach zwei intellektuell anspruchslosen Studiensemestern der Medizin geholfen hat, einen mit Glücksgefühlen gefüllten Ort dieser Welt zu finden.

Ich danke den Mitgliedern der Redaktion Wissen bei ZEIT ONLINE, insbesondere Dagny Lüdemann, Anna Behrend, Alina Schadwinkel und Sven Stockrahm, für die stets erfreuliche Zusammenarbeit am Mathematik-Blog und die redaktionelle Bearbeitung meiner Blog-Beiträge.

Ich danke meinem Freund Vlad Sasu für die angenehme gemeinsame Arbeit an den Abbildungen und Alex Balko für die hervorragenden Zeichnungen.

Ich danke meinem Lektor Dr. Stefan Bollmann für die exzellente Lektorierung und dem Verlag C.H.Beck für die Aufnahme des Buches in das Verlagsprogramm.

Mein größter und sprachloser Dank gilt meiner Familie: Andrea, Hanna und Lennard.

d. Autor

Christian Hesse ist einer der bekanntesten Mathematiker Deutschlands. Der 55-Jährige promovierte an der Harvard University, lehrte an der University of California in Berkeley und war 1991 nach seiner Berufung an die Universität Stuttgart der jüngste Professor der Bundesrepublik. Es folgten wissenschaftliche Gastaufenthalte unter anderem an der Australian National University (Canberra), der Queens University (Kingston, Kanada), der University of the Philippines (Manila), der Universidad de Concepción (Chile), der Xinghua-Universität (Peking) und der George Washington University (Washington, USA).

Hesses berufliche Vortrags- und Reisetätigkeit erstreckt sich über viele Teile der Welt, von St. Petersburg über die Yucatán-Halbinsel bis zur Osterinsel, von Tahiti über Dublin bis Kapstadt. Von Juli 2012 bis März 2013 und Juli 2014 bis September 2014 war er Gastwissenschaftler an der Universität von Kalifornien in Santa Barbara.

Er beriet das Bundesverfassungsgericht beim 2012er Wahlrechtsurteil, das Stuttgarter Staatstheater beim Doku-Drama «Qualitätskontrolle» und errang im November 2010 gegen den amtierenden Schachweltmeister, den indischen Großmeister Viswanathan Anand, bei einer Partie in Zürich ein stark umkämpftes Unentschieden.

Neben zahlreichen wissenschaftlichen Publikationen zur Mathematik veröffentlichte er unter anderem eine politikwissenschaftliche Arbeit zum Wahlrecht, zwei Lehrbücher, ein in mehrere Sprachen übersetztes Schachbuch, eine Fibel zum Humor in der Wissenschaft sowie den Bestseller «Warum Mathematik glücklich macht».

Ein Kommentator bezeichnete ihn als «den vielseitigsten Wissenschaftler Deutschlands», was dieser vehement verneint und sich selbst nur als unterdurchschnittlich begabt für die Konzentration auf nur ein einziges Thema bezeichnet.

Christian Hesse ist verheiratet, hat zwei Kinder und lebt mit seiner Familie nach eigener Aussage «relativ zufrieden» in Mannheim.

Christian Hesse,
Mathe-Matador aus Mannheim
mit Maskottchen